Schülkes Formeln

Mathematische Formelsammlung für den Unterricht

Bearbeitet von
Helmut Wunderling
Hartmut Adelsberger

Springer Fachmedien Wiesbaden GmbH

Die Deutsche Bibliothek – CIP-Einheitsaufnahme

Schülkes Formeln : mathematische Formelsammlung für den
Unterricht / bearb. von Helmut Wunderling ; Hartmut
Adelsberger. – 2. Aufl. – Stuttgart : Teubner, 1994

ISBN 978-3-519-12501-3   ISBN 978-3-663-12359-0 (eBook)
DOI 10.1007/978-3-663-12359-0

2. Auflage 1994

Das Werk einschließlich aller seiner Teile ist urheberrechtlich geschützt. Jede
Verwertung in anderen als den gesetzlich zugelassenen Fällen bedarf deshalb
der vorherigen schriftlichen Einwilligung des Verlages.

© Springer Fachmedien Wiesbaden 1994
Ursprünglich erschienen bei B.G. Teubner, Stuttgart 1994
Herstellung: Präzis-Druck GmbH, Karlsruhe

Logik; Mengenlehre

1. Logik
1.1. Grundbegriffe

		Beispiele
$A, B, C, \ldots$	Leerstellen für wahre (w) oder falsche (f) Aussagen	$3 + 2 < 6$ (w) $\quad 3 + 2 = 4$ (f)
$a, b, c, x, y, \ldots$	Leerstellen für Aussagegegenstände (Aussagevariable)	$3 + 2$ ist grün (Keine Aussage)
$A(x), B(x,y), \ldots$	Leerstellen für Aussageformen	

1.2. Aussagen, Aussageverknüpfungen und ihre Zeichen

Name	Zeichen	Sprechweise
Negation	$\neg$	nicht (non)
Konjunktion	$\wedge$	und
Disjunktion	$\vee$	oder (nicht ausschließend)
Subjunktion	$\Rightarrow$	wenn ..., dann
Bijunktion (Äquivalenz)	$\Leftrightarrow$	genau dann, wenn ...
	$:\Leftrightarrow$	definitionsgemäß genau dann, wenn ...
Antivalenz	$\not\Leftrightarrow$	entweder ... oder

Wahrheitstafel

A	B	$\neg A$	$A \wedge B$	$A \vee B$	$A \Rightarrow B$	$A \Leftrightarrow B$	$A \not\Leftrightarrow B$
w	w	f	w	w	w	w	f
w	f	f	f	w	f	f	w
f	w	w	f	w	w	f	w
f	f	w	f	f	w	w	f

1.3. Allgemeingültige Aussageverknüpfungen (vgl. auch 2.3).

$(A \wedge B) \wedge C \Leftrightarrow A \wedge (B \wedge C)$	Assoziativität	$(A \vee B) \vee C \Leftrightarrow A \vee (B \vee C)$
$A \wedge B \Leftrightarrow B \wedge A$	Kommutativität	$A \vee B \Leftrightarrow B \vee A$
$A \wedge (A \vee B) \Leftrightarrow A$	Adjunktivität	$A \vee (A \wedge B) \Leftrightarrow A$
$A \wedge (B \vee C) \Leftrightarrow (A \wedge B) \vee (A \wedge C)$	Distributivität	$A \vee (B \wedge C) \Leftrightarrow (A \vee B) \wedge (A \vee C)$
$A \vee \neg A$	Komplementarität	$\neg (A \wedge \neg A)$
$\neg (A \wedge B) \Leftrightarrow \neg A \vee \neg B$	de Morgan-Regeln	$\neg (A \vee B) \Leftrightarrow \neg A \wedge \neg B$
$\neg (\neg A) \Leftrightarrow A$		$(A \Rightarrow B) \Leftrightarrow (\neg B \Rightarrow \neg A)$
(Satz von der doppelten Verneinung)		(Kontraposition)

1.4. Quantoren

Name	Zeichen	Sprechweise	Verneinungsregeln	Beispiel
Allquantor	$\bigwedge\limits_{x}$	für alle x gilt ...	$\neg \bigwedge\limits_{x} A(x) \Leftrightarrow \bigvee\limits_{x} \neg A(x)$	$\bigwedge\limits_{x} x + 1 = 1 + x$
Existenzquantor	$\bigvee\limits_{x}$	es gibt mindestens ein x, für das gilt ...	$\neg \bigvee\limits_{x} A(x) \Leftrightarrow \bigwedge\limits_{x} \neg A(x)$	$\bigvee\limits_{x} x^2 = 4$

2. Mengenlehre
2.1. Grundbegriffe

		Beispiele
$M, N, T, \ldots$	Leerstellen für Mengen	
$a, b, x, y, \ldots$	Leerstellen für Elemente der Mengen	
$\{x_1, x_2, x_3, \ldots, x_n\}$	Menge mit den Elementen $x_1, x_2, x_3, \ldots, x_n$	$\{1; 2; 3\}$
$\{y\}$	Menge mit dem einen Element y	
$\{a_1, a_2\}$	Menge mit den Elementen a_1, a_2	
$\{x \mid A(x)\}$	Menge aller x, für die $A(x)$ zutrifft (Erfüllungsmenge der Aussageform $A(x)$)	$\{x \mid 2x + 3 = 0\}$
$\emptyset$ (auch $\{\}$)	leere Menge, Menge ohne Elemente	
$x \in M$	x ist Element von M	$2 \in \mathbb{N}$
$x \notin M$	x ist nicht Element von M	$2,4 \notin \mathbb{N}$
(x, y)	geordnetes Paar; (es ist $(x, y) \neq (y, x)$, falls $x \neq y$!)	$(3; 2) \neq (2; 3)!$

Relationen, Funktionen, Verknüpfungen

2.2. Beziehungen zwischen Mengen, Mengenverknüpfungen

Zeichen	Sprechweise	Definition
$T \subseteq M$	T ist Teilmenge von M	$\bigwedge\limits_{x}(x \in T \Rightarrow x \in M)$
$T \subset M$	T ist echte Teilmenge von M	$T \subseteq M \wedge T \neq M$
$M \cap N$	Durchschnitt von M und N	$\{x \mid x \in M \wedge x \in N\}$
$M \cup N$	Vereinigung von M mit N	$\{x \mid x \in M \vee x \in N\}$
$M \backslash N$	Komplement von N bezüglich M	$\{x \mid x \in M \wedge x \notin N\}$
$M \triangle N$	Symmetrische Differenz	$(M \cup N) \backslash (M \cap N)$
$\mathfrak{P}(M)$	Potenzmenge von M (Menge aller Teilmengen von M)	$\{T \mid T \subseteq M\}$
$M \times N$	Kartesisches Produkt von M und N, Produktmenge = Menge aller geordneten Paare (x, y)	$\{(x, y) \mid x \in M \wedge y \in N\}$
$M^2 := M \times M$	Menge aller geordneten Paare (x_i, x_k)	$\{(x_i, x_k) \mid x_i \in M \wedge x_k \in M\}$
$M^3 := M \times M \times M$	Menge aller geordneten Tripel (x_i, x_j, x_k)	

Venn-Diagramme:

2.3. Allgemeingültige Gleichungen der Mengenlehre (vgl. auch 1.3)

$(M \cap N) \cap G = M \cap (N \cap G)$	Assoziativität	$(M \cup N) \cup G = M \cup (N \cup G)$
$M \cap N = N \cap M$	Kommutativität	$M \cup N = N \cup M$
$M \cap (M \cup N) = M$	Adjunktivität	$M \cup (M \cap N) = M$
$M \cap (N \cup G) = (M \cap N) \cup (M \cap G)$	Distributivität	$M \cup (N \cap G) = (M \cup N) \cap (M \cup G)$
$M \cap G \backslash M = \emptyset$	Komplementarität	$M \cup G \backslash M = G$ (mit $M \subseteq G$)
$M \cap M = M$	Idempotenz	$M \cup M = M$
$M \cap \emptyset = \emptyset$	—	$M \cup \emptyset = M$
$G \backslash (M \cap N) = G \backslash M \cup G \backslash N$	de Morgan-Regeln	$G \backslash (M \cup N) = G \backslash M \cap G \backslash N$

2.4. Zahlenmengen

$\mathbb{N}$	Menge der natürlichen Zahlen	$\mathbb{N} := \{1; 2; 3; \ldots\}$
$\mathbb{N}_0$	Menge $\mathbb{N}$ einschließlich der Null	$\mathbb{N}_0 := \mathbb{N} \cup \{0\}$
$\mathbb{Z}$	Menge der ganzen Zahlen	$\mathbb{Z} := \{\ldots -3; -2; -1; 0; +1; +2; +3; \ldots\}$
$\mathbb{Q}$	Menge der rationalen Zahlen	$\mathbb{Q} := \{x \mid x = \frac{p}{q} \wedge p \in \mathbb{Z} \wedge q \in \mathbb{N}\}$
$\mathbb{R}$	Menge der reellen Zahlen	$\mathbb{R} := \{x \mid x = \lim\limits_{n \to \infty} x_n \wedge \bigwedge\limits_{n} x_n \in \mathbb{Q}\}$
$\mathbb{R}^+$	Menge der positiven reellen Zahlen	$\mathbb{R}^+ := \{x \mid x \in \mathbb{R} \wedge x > 0\}$
$\mathbb{K}\ (\mathbb{C})$	Menge der komplexen Zahlen	$\mathbb{K} := \{x \mid x = a + ib \wedge (a, b) \in \mathbb{R}^2 \wedge i^2 := -1\}$

3. Relationen, Funktionen, Verknüpfungen
3.1. Relationen

Eine zweistellige (n-stellige) Relation R auf einer gegebenen Grundmenge M ist eine Teilmenge R von $M \times M$ (von M^n):

$$R \subseteq M \times M \quad (R \subseteq M^n)$$

Man schreibt für 2-stellige (n-stellige) Relationen $x R y$ bzw. $R(x_1, x_2, \ldots, x_n)$ und spricht x steht in Relation R zu y bzw. $x_1, x_2, \ldots, x_n$ stehen in der Relation R

Beispiele
1. Zweistellige Relation: $\{(x, y) \mid x^2 + y^2 = 1\}$; Dreistellige Relation: $\{(x, y, z) \mid x + y + z = 4\}$
2. Die Relation $<$ (kleiner als) für $(x, y) \in \mathbb{N}^2$ heißt die **Ordnungsrelation** der natürlichen Zahlen:
$$< := \{(x, y) \mid (x, y) \in \mathbb{N}^2 \wedge \bigvee\limits_{z \in \mathbb{N}} x + z = y\}.$$

Relationen, Funktionen, Verknüpfungen

R heißt **Äquivalenzrelation** über der Menge M genau dann, wenn erfüllt ist:

Reflexivität	**Symmetrie**	**Transitivität**
$\bigwedge_{x \in M} x R x$,	$\bigwedge_{(x,y) \in M^2} (x R y \Rightarrow y R x)$,	$\bigwedge_{(x,y,z) \in M^3} (x R y \wedge y R z \Rightarrow x R z)$.

M zerfällt nach R in **Äquivalenzklassen** $K[x] := \{y \mid y R x\}$.

Beispiel: Äquivalenzrelationen sind: Identität $=$, Bijunktion $\Leftrightarrow$, Kongruenz $\cong$, Ähnlichkeit $\sim$.

Relationen bei Zahlen

Zeichen	Sprechweise	Bedeutung	Beispiele
$=$	gleich	die Zeichen rechts und links von „$=$" bedeuten **dasselbe Objekt**	$3 = 2 + 1$
$:=$	definitionsgemäß gleich	ein neu definiertes Zeichen wird einem Objekt zugeordnet	$\sqrt{9} := 3$
$\neq$	nicht gleich (ungleich)	Negation von „$=$"	$3 \neq 1 + 1$
$\approx$	angenähert gleich	die Zeichen rechts und links von „$\approx$" bedeuten nur unwesentlich verschiedene Zahlen	$3{,}986 \approx 4{,}0$
$\simeq$	asymptotisch gleich	der Unterschied zweier Zahlen, die durch verschiedene offene Terme beschrieben sind, unterschreitet für $x \to \infty$ jede noch so kleine Schranke	$x^2 \simeq x^2 + \dfrac{1}{x}$
$\gg$	sehr groß gegen		$100 \gg 0{,}001$
$\ll$	sehr klein gegen		$1 \ll 10^4$

3.2. Funktionen (Abbildungen)

Eine zweistellige Relation f zwischen $x \in V$ und $y \in N$ heißt **Funktion (Abbildung)** von V in N, wenn jedem x-Wert eindeutig ein y-Wert zugeordnet ist:

$$\bigwedge_{x \in V} \bigwedge_{(y,z) \in N^2} x f y \wedge x f z \Rightarrow y = z$$

Man schreibt auch statt $f: x \mapsto f(x)$ oder einfach $x \mapsto f x$ und statt $(x, y) \in f:\ y = f(x)$

Beispiel: $\quad \sin: \mathbb{R} \to [-1; +1] \qquad x \mapsto \sin x \qquad y = \sin x$

V heißt **Vorbereich** (Argumentbereich, Originalmenge, Definitionsbereich),
N heißt **Nachbereich** (Wertevorrat, Bildmenge).

Sind V und N Zahlenmengen, so nennt man jedes Original (Urbild) $x \in V$ auch **Argument** (Stelle), jedes Bild $y \in N$ auch **Funktionswert** (an der Stelle x, falls $y = f(x)$). x heißt ferner **Abszisse**, y **Ordinate** des Punktes (x, y) des Graphen (der graphischen Darstellung) von f.

Eine Funktion $f: V \to N$ heißt **surjektiv**, falls jedes $y \in N$ ein Original $x \in V$ besitzt, d.h.:

$$\bigwedge_{y \in N} \bigvee_{x \in V} y = f(x)$$

Beispiel: $\cos: \mathbb{R} \to [-1; +1] \qquad y = \cos x \qquad$ ist surjektiv, aber nicht injektiv.

Eine Funktion $f: V \to N$ heißt **injektiv**, falls kein $y \in N$ mehr als ein Original $x \in V$ besitzt, d.h.:

$$\bigwedge_{x \in V} \bigwedge_{x' \in V} f(x) = f(x') \Rightarrow x = x'$$

Beispiel: $\text{id}^2: \mathbb{R}^+ \to \mathbb{R} \qquad y = x^2 \qquad$ ist injektiv, aber nicht surjektiv.

Eine Funktion $f: V \to N$ heißt **bijektiv**, falls sie surjektiv und injektiv ist. In diesem Fall gibt es genau eine **Umkehrfunktion**

$$f^{-1}: y \mapsto x \qquad x = f^{-1}(y) \Leftrightarrow y = f(x)$$

Beispiel: $\text{id}^3: \mathbb{R} \to \mathbb{R} \qquad y = x^3 \qquad$ ist bijektiv.

Algebraische Strukturen: Grundbegriffe

Funktionsverkettung. Ist der Nachbereich einer Funktion f zugleich Vorbereich einer Funktion g: $V \xrightarrow{f} N_1 \xrightarrow{g} N_2$, so ist damit eine innere Verknüpfung o (s. 3.3) definiert:

$$(g \circ f)(x) := g(f(x))$$

Für die Funktionsverkettung gilt stets das Assoziativgesetz $h \circ (g \circ f) = (h \circ g) \circ f$

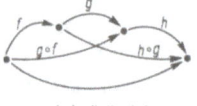

Beispiele

a) Gleichungsschreibweise: $\quad z = f(x) = 2x+1; \quad y = g(z) = \sin z; \quad y = \sin(2x+1)$
b) Funktionsschreibweise: $\quad f: x \mapsto 2x+1; \quad g: z \mapsto \sin z; \quad g \circ f: x \mapsto \sin(2x+1)$.

3.3. Verknüpfungen

Gegeben sind 2 Mengen $M = \{x, y, z, \ldots\}$ und $O = \{\alpha, \beta, \gamma, \ldots\}$, O heißt **Operatorenbereich** zu M.

Zeichen	Art der Verknüpfung	Operation	Beispiele
$\top$	innere Verknüpfung	$x \top y = z$; jedem Paar $(x, y) \in M \times M$ wird eindeutig ein $z \in M$ zugeordnet	Zahlenaddition $\quad 3 + 4 = 7$ Zahlenmultiplikation $3 \cdot 4 = 12$
$\bot_1$	Äußere Verknüpfung 1. Art	$\alpha \bot_1 x = z$; jedem Paar $(\alpha, x) \in O \times M$ wird eindeutig ein $z \in M$ zugeordnet	Produkt Skalar mal Vektor $\alpha \bot_1 \vec{x} = \alpha \vec{x} = \vec{z}$
$\bot_2$	Äußere Verknüpfung 2. Art	$x \bot_2 y = \alpha$; jedem Paar $(x, y) \in M \times M$ wird eindeutig ein $\alpha \in O$ zugeordnet	Skalarprodukt zweier Vektoren $\vec{x} \cdot \vec{y} = x\, y \cos(\vec{x}, \vec{y}) \in \mathbb{R}$

4. Algebraische Strukturen
4.1. Grundbegriffe

Gruppe, Ring, Körper

Sind □ und ○ Leerstellen für zwei verschiedene innere Verknüpfungen in einer Menge M, so wird durch sie der Menge M eine **algebraische Struktur** aufgeprägt, und zwar die Struktur

Kommutative Gruppe   Kommutativer Ring   Körper , falls gilt:

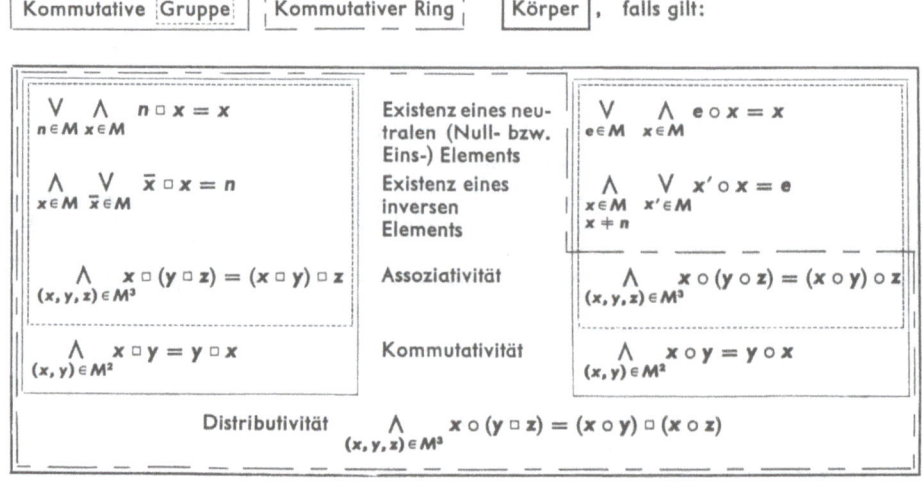

Beispiele

Ersetzt man □ durch $+$, ○ durch $\cdot$, so ergeben sich für $M = \mathbb{Q}$ die Grundgesetze des **Körpers der rationalen Zahlen** $(\mathbb{Q}, +, \cdot)$, für $M = \mathbb{Z}$ die des **Ringes der ganzen Zahlen** $(\mathbb{Z}, +, \cdot)$.

Ersetzt man □ durch $\oplus$, so ergeben sich für $M = R_m$ (Restklassenmenge modulo m) die Grundgesetze der additiven Restklassengruppe mod m $(R_m, \oplus)$; eine solche (endliche) Gruppe besitzt m Elemente.

Algebraische Strukturen: Grundbegriffe

Verbände

Die algebraische Struktur heißt

| Verband | distributiver Verband | Boolescher Verband (auch Boolesche Algebra) |, falls gilt:

$\bigwedge_{(x,y,z)\in M^3} x \square (y \square z) = (x \square y) \square z$	Assoziativität	$\bigwedge_{(x,y,z)\in M^3} x \circ (y \circ z) = (x \circ y) \circ z$
$\bigwedge_{(x,y)\in M^2} x \square y = y \square x$	Kommutativität	$\bigwedge_{(x,y)\in M^2} x \circ y = y \circ x$
$\bigwedge_{(x,y)\in M^2} x \square (x \circ y) = x$	Adjunktivität	$\bigwedge_{(x,y)\in M^2} x \circ (x \square y) = x$
$\bigwedge_{(x,y,z)\in M^3} x \square (y \circ z) = (x \square y) \circ (x \square z)$	Distributivität	$\bigwedge_{(x,y,z)\in M^3} x \circ (y \square z) = (x \circ y) \square (x \circ z)$
$\bigvee_{n\in M} \bigwedge_{x\in M} n \square x = x$	Existenz eines Null- bzw. Einselements	$\bigvee_{e\in M} \bigwedge_{x\in M} e \circ x = x$
$\bigwedge_{x\in M} \bigvee_{\bar{x}\in M} x \square \bar{x} = e$	Existenz komplementärer Elemente	$\bigwedge_{x\in M} \bigvee_{\bar{x}\in M} x \circ \bar{x} = n$

Beispiele

1. Ersetzt man $\square$ durch $\cup$, $\circ$ durch $\cap$, so ergeben sich für $M = \mathfrak{P}(N)$ (Potenzmenge einer Menge N) die Grundgesetze des Booleschen Mengenverbandes (vgl. 2.3!)
2. Ersetzt man $\square$ durch kgV, $\circ$ durch ggT, so ergeben sich für $M = \mathbb{N}$ die Grundgesetze des distributiven Verbandes ($\mathbb{N}$, kgV, ggT).
3. Ersetzt man $\square$ durch $\vee$, $\circ$ durch $\wedge$, so ergeben sich für $M = \{w, f\}$ die Grundgesetze des Booleschen Aussagenverbandes (vgl. 1.3)
4. Realisiert man $\square$ durch eine Parallelschaltung zweier Schalter bzw. durch ein ODER-Gatter,

$\circ$ durch eine Serienschaltung zweier Schalter bzw. durch ein UND-Gatter,

so ergeben sich für $M = \{\text{EIN, AUS}\}$ die Grundgesetze des distributiven Schalterverbandes.

Die Hinzunahme von Negationsschaltern bzw. Negationsgattern ergibt die Grundgesetze der (Booleschen) Schaltalgebra.

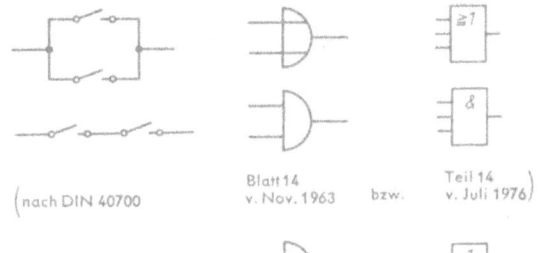

(nach DIN 40700 Blatt 14 v. Nov. 1963 bzw. Teil 14 v. Juli 1976)

Isomorphismus

Sind $(M, \square)$ und $(N, \circ)$ zwei algebraische Strukturen und ist f eine bijektive Funktion von M auf N, dann heißt f ein **Isomorphismus** von $(M, \square)$ auf $(N, \circ)$, wenn die inneren Verknüpfungen so aufeinander bezogen sind, daß gilt:

$$\bigwedge_{x_1, x_2 \in M^2} f(x_1 \square x_2) = f(x_1) \circ f(x_2)$$

Man sagt auch: f ist verträglich mit den algebraischen Strukturen.

Ersetzt man $(M, \square)$ durch $(\mathbb{R}^+, \cdot)$ und $(N, \circ)$ durch $(\mathbb{R}, +)$, dann ist jede Logarithmusfunktion ein Isomorphismus zwischen $(\mathbb{R}^+, \cdot)$ und $(\ , +)$; denn es gilt (mit $b > 0$, $b \neq 1$; $x_1 > 0$, $x_2 > 0$; $m \neq 0$):

$\log_b(x_1 \cdot x_2) = \log_b x_1 + \log_b x_2$ $\qquad \log_b x^n = n \cdot \log_b x$ $\qquad \log_b 1 = 0$

$\log_b \dfrac{x_1}{x_2} = \log_b x_1 - \log_b x_2$ $\qquad \log_b \sqrt[m]{x} = \dfrac{1}{m} \cdot \log_b x$ $\qquad \log_b b = 1$

Algebraische Strukturen: Körper der reellen Zahlen

Definitionen für Logarithmen

	$\log_b x = y \quad :\Leftrightarrow \quad x = b^y$
Dekadischer Logarithmus ($b = 10$)	$\log_{10} x := \lg x = y \quad :\Leftrightarrow \quad x = 10^y$
Natürlicher Logarithmus ($b = e$)	$\log_e x := \ln x = y \quad :\Leftrightarrow \quad x = e^y \quad (e \approx 2{,}7183)$
Dyadischer Logarithmus ($b = 2$)	$\log_2 x := \operatorname{lb} x = y \quad :\Leftrightarrow \quad x = 2^y$

Umrechnungen: $\log_b x = \log_b a \cdot \log_a x \qquad \log_b a = \dfrac{1}{\log_a b} \quad (a \neq 0,\ a \neq 1)$

$b^y = e^{y \ln b} \qquad \ln 10 \approx 2{,}3026 \qquad M := \lg e = \dfrac{1}{\ln 10} \approx 0{,}43429$

4.2. Körper der reellen Zahlen

$(\mathbb{R}, +, \cdot)$ **ist ein Körper**, der außerdem durch die Ordnungsrelation $\leq$ **archimedisch angeordnet** ist (vgl. 5) und in dem jede **Intervallschachtelung genau eine reelle Zahl** festlegt.

Hinweis: Setzt man in die Leerstellen (**Variablen**) der folgenden Aussageformen (**Formeln**) irgendwelche reellen Zahlen ein, so ergibt sich stets eine wahre Aussage, wenn nicht Beschränkungen dieser Grundmenge angegeben sind.

1. $(a+b)^2 = a^2 + 2ab + b^2$ ist Abkürzung für $\bigwedge\limits_{(a,b) \in \mathbb{R}^2} (a+b)^2 = a^2 + 2ab + b^2$

2. $\sqrt[n]{a} \cdot \sqrt[n]{b} = \sqrt[n]{ab}$ mit $a \geq 0,\ b \geq 0,\ n \in \mathbb{N}$ ist Abkürzung für $\bigwedge\limits_{n \in \mathbb{N}} \bigwedge\limits_{(a,b) \in \mathbb{R}_0^{+2}} \sqrt[n]{a} \cdot \sqrt[n]{b} = \sqrt[n]{ab}$

Termumformungen

$(a \pm b)^2 = a^2 \pm 2ab + b^2 \qquad (a+b)(a-b) = a^2 - b^2 \qquad (a \pm b + c)^2 = a^2 + b^2 + c^2 \pm 2ab + 2ac \pm 2bc$

$(a \pm b)^3 = a^3 \pm 3a^2 b + 3ab^2 \pm b^3 \qquad a^3 \pm b^3 = (a \pm b)(a^2 \mp ab + b^2)$

$\dfrac{a^n - b^n}{a - b} = a^{n-1} + a^{n-2}b + a^{n-3}b^2 + \cdots + b^{n-1} \qquad (a - b \neq 0)$

Binomischer Satz

$(a+b)^n = a^n + \binom{n}{1} a^{n-1} b + \binom{n}{2} a^{n-2} b^2 + \cdots + \binom{n}{k} a^{n-k} b^k + \cdots + b^n; \qquad n \in \mathbb{N}$

$\binom{n}{k} := \dfrac{n!}{k!(n-k)!} = \binom{n}{n-k} \qquad\qquad 0! := 1;\ 1! := 1;\ n! := n(n-1)!\ [= 1 \cdot 2 \cdot 3 \cdot \ldots \cdot n]$

$\binom{n}{k} + \binom{n}{k-1} = \binom{n+1}{k} \qquad\qquad \binom{0}{0} := 1 \quad \binom{n}{0} := 1 \quad \binom{n}{n} = 1 \quad \binom{n}{1} = \binom{n}{n-1} = n$

Potenzen und Wurzeln (Logarithmen s. S. 45)

$a^p \cdot b^p = (ab)^p \qquad\qquad a^p \cdot a^q = a^{p+q} \qquad\qquad (a^p)^q = a^{pq} = (a^q)^p$

$a^p : b^p = \left(\dfrac{a}{b}\right)^p \ (b \neq 0) \qquad a^p : a^q = a^{p-q} \ (a \neq 0)$

$\sqrt[p]{a} \cdot \sqrt[p]{b} = \sqrt[p]{ab} \ (a \geq 0, b \geq 0) \qquad \sqrt[p]{a} : \sqrt[p]{b} = \sqrt[p]{a:b} \ (a \geq 0),\ (b > 0) \qquad \sqrt[q]{a^p} = a^{\frac{p}{q}} = \left(\sqrt[q]{a}\right)^p \quad \binom{p \in \mathbb{N}}{q \in \mathbb{N}}$

$a^0 := 1 \ (a \neq 0) \qquad\qquad a^{-p} := \dfrac{1}{a^p} \ (a \neq 0) \qquad\qquad a^{\frac{1}{q}} := \sqrt[q]{a} \ (a \geq 0)$

Quadratische Gleichung

$x^2 + px + q = 0 \qquad x_{1,2} = -\dfrac{p}{2} \pm \sqrt{\dfrac{p^2}{4} - q} \qquad x_1 + x_2 = -p,\qquad x_1 x_2 = +q$

$ax^2 + bx + c = 0 \ (a \neq 0) \qquad x_{1,2} = \dfrac{-b \pm \sqrt{b^2 - 4ac}}{2a} \qquad x_1 + x_2 = -\dfrac{b}{a} \qquad x_1 x_2 = \dfrac{c}{a}$

Algebraische Strukturen: Lineare Algebra über $\mathbb{R}$

Endliche Folgen und Reihen

Folge $\langle a_n \rangle := a_1, a_2, \ldots, a_n$ a_k heißt k-tes Glied; s_n heißt n-te Partialsumme

Reihe $s_n := a_1 + a_2 + \ldots + a_n = \sum\limits_{k=1}^{n} a_k$

Arithmetische Reihe $d := a_k - a_{k-1}$ $a_k = a_1 + (k-1)d$ $s_n = \dfrac{n}{2}[2a_1 + (n-1)d] = \dfrac{n}{2}(a_1 + a_n)$
(konstante Differenz) $(k > 1)$

Geometrische Reihe $q := \dfrac{a_k}{a_{k-1}}$ $a_k = a_1 \cdot q^{k-1}$ $s_n = a_1 \dfrac{q^n - 1}{q - 1}$
(konstanter Quotient) $(k > 1)$

Potenzsummen $\sum\limits_{k=1}^{n} k = \dfrac{n(n+1)}{2}$ $\sum\limits_{k=1}^{n} k^2 = \dfrac{n(n+1)(2n+1)}{6}$ $\sum\limits_{k=1}^{n} k^3 = \dfrac{n^2(n+1)^2}{4}$

4.3. Lineare Algebra über $\mathbb{R}$

4.3.1. Matrizen, Determinanten, lineare Gleichungssysteme

Matrizen

		Beispiele
(m, n)-**Matrix** mit m Zeilen, n Spalten		(2; 3)-Matrix
$A := (a_{ik}) := \begin{pmatrix} a_{11} & a_{12} & a_{13} & \ldots & a_{1n} \\ a_{21} & a_{22} & a_{23} & \ldots & a_{2n} \\ \vdots & & & & \\ a_{m1} & a_{m2} & a_{m3} & \ldots & a_{mn} \end{pmatrix}$	a_{ik}: Element in der i-ten Zeile und k-ten Spalte	$A = \begin{pmatrix} 1 & 2 & 3 \\ 2 & 1 & 0 \end{pmatrix}$ $a_{13} = 3$

Sonderfälle:

$m = 1$: einzeilige Matrix $n = 1$: einspaltige Matrix   Zeilenmatrix   Spaltenmatrix

$a' = (a_1, a_2, \ldots, a_n)$ $a = \begin{pmatrix} a_1 \\ \vdots \\ a_m \end{pmatrix}$ $(2; -1; 4; 7)$ $\begin{pmatrix} 2 \\ 5 \\ 3 \end{pmatrix}$

$m = n$: **Quadratische Matrix von der Ordnung n** $m = n = 2$: $\begin{pmatrix} 4 & 3 \\ 0 & 1 \end{pmatrix}$

Diagonalmatrix   **Einheitsmatrix**

$D := \begin{pmatrix} a_{11} & 0 & \ldots & 0 \\ 0 & a_{22} & \ldots & 0 \\ \vdots & & & \\ 0 & 0 & \ldots & a_{nn} \end{pmatrix}$ $E := \begin{pmatrix} 1 & 0 & 0 & \ldots & 0 \\ 0 & 1 & 0 & \ldots & 0 \\ & & & & \\ 0 & 0 & 0 & \ldots & 1 \end{pmatrix}$ $D = \begin{pmatrix} 4 & 0 & 0 \\ 0 & 1 & 0 \\ 0 & 0 & 5 \end{pmatrix}$ $E = \begin{pmatrix} 1 & 0 \\ 0 & 1 \end{pmatrix}$

Summe zweier Matrizen $A + B := (a_{ik}) + (b_{ik}) := (a_{ik} + b_{ik})$ $\begin{pmatrix} 1 & 2 & 3 \\ 2 & 1 & 0 \end{pmatrix} + \begin{pmatrix} 2 & 0 & 1 \\ 4 & -1 & 3 \end{pmatrix} = \begin{pmatrix} 3 & 2 & 4 \\ 6 & 0 & 3 \end{pmatrix}$

Produkt einer Matrix mit einer Zahl $p \cdot (a_{ik}) := (p \cdot a_{ik})$ $3 \cdot \begin{pmatrix} 13 & -2 & 5 \\ 31 & 0 & 2 \end{pmatrix} = \begin{pmatrix} 39 & -6 & 15 \\ 93 & 0 & 6 \end{pmatrix}$

Produkt zweier Matrizen $A \cdot B := (a_{ik}) \cdot (b_{ik}) := \left(\sum\limits_{j=1}^{m} a_{ij} b_{jk} \right)$ $\begin{pmatrix} 1 & 3 & 5 \\ -1 & 2 & 0 \end{pmatrix} \cdot \begin{pmatrix} 1 & -2 \\ 2 & 0 \\ 3 & 1 \end{pmatrix} = \begin{pmatrix} 22 & 3 \\ 3 & 2 \end{pmatrix}$

Jedes Element c_{ik} von $C = A \cdot B$ entsteht durch **Komposition (inneres Produkt)** der i-ten Zeile von A mit der k-ten Spalte von B, d.h. die Spaltenzahl von A muß gleich der Zeilenzahl von B sein. Im Allgemeinen ist $A \cdot B \neq B \cdot A$.

$\begin{pmatrix} 1 & -2 \\ 2 & 0 \\ 3 & 1 \end{pmatrix} \cdot \begin{pmatrix} 1 & 3 & 5 \\ -1 & 2 & 0 \end{pmatrix} = \begin{pmatrix} 3 & -1 & 5 \\ 2 & 6 & 10 \\ 2 & 11 & 15 \end{pmatrix}$

Gilt $A \cdot B = E$, so heißt B **inverse Matrix** zu A; $B := A^{-1}$.

$A = \begin{pmatrix} 1/3 & 1/3 \\ -1/9 & 2/9 \end{pmatrix}$; $A^{-1} = \begin{pmatrix} 2 & -3 \\ 1 & 3 \end{pmatrix}$

Algebraische Strukturen: Lineare Algebra über $\mathbb{R}$

Determinanten

$$\det(a_{ik}) := \begin{vmatrix} a_{11} & a_{12} \\ a_{21} & a_{22} \end{vmatrix} := a_{11}a_{22} - a_{21}a_{12}$$
$(i, k = 1, 2)$

$$k \cdot \begin{vmatrix} a_{11} & a_{12} \\ a_{21} & a_{22} \end{vmatrix} := \begin{vmatrix} ka_{11} & ka_{12} \\ a_{21} & a_{22} \end{vmatrix} = \begin{vmatrix} ka_{11} & a_{12} \\ ka_{21} & a_{22} \end{vmatrix} \qquad \begin{vmatrix} a_1 & b_1+c_1 \\ a_2 & b_2+c_2 \end{vmatrix} := \begin{vmatrix} a_1 & b_1 \\ a_2 & b_2 \end{vmatrix} + \begin{vmatrix} a_1 & c_1 \\ a_2 & c_2 \end{vmatrix} \qquad \begin{vmatrix} a_{11} & a_{12} \\ ka_{11} & ka_{12} \end{vmatrix} = 0$$

$$\begin{vmatrix} a_{11} & a_{12} \\ a_{21} & a_{22} \end{vmatrix} = \begin{vmatrix} a_{11} & a_{21} \\ a_{12} & a_{22} \end{vmatrix} = -\begin{vmatrix} a_{12} & a_{11} \\ a_{22} & a_{21} \end{vmatrix} \qquad \begin{vmatrix} a_{11} & a_{12} \\ a_{21} & a_{22} \end{vmatrix} = \begin{vmatrix} a_{11} & a_{12}+k_1 a_{11} \\ a_{21} & a_{22}+k_1 a_{21} \end{vmatrix} = \begin{vmatrix} a_{11}+k_2 a_{21} & a_{12}+k_2 a_{22} \\ a_{21} & a_{22} \end{vmatrix}$$

$$\begin{vmatrix} a_{11} & a_{12} & a_{13} \\ a_{21} & a_{22} & a_{23} \\ a_{31} & a_{32} & a_{33} \end{vmatrix} := a_{11} \begin{vmatrix} a_{22} & a_{23} \\ a_{32} & a_{33} \end{vmatrix} - a_{12} \begin{vmatrix} a_{21} & a_{23} \\ a_{31} & a_{33} \end{vmatrix} + a_{13} \begin{vmatrix} a_{21} & a_{22} \\ a_{31} & a_{32} \end{vmatrix} = \begin{array}{c} + \qquad - \\ \begin{vmatrix} a_{11} & a_{12} & a_{13} \\ a_{21} & a_{22} & a_{23} \\ a_{31} & a_{32} & a_{33} \end{vmatrix} \begin{vmatrix} a_{11} & a_{12} \\ a_{21} & a_{22} \\ a_{31} & a_{32} \end{vmatrix} \end{array} \qquad \text{(Regel von Sarrus)}$$

Zusammenhang zwischen quadratischen Matrizen und den zugehörigen Determinanten:

$$\det[(a_{ik}) \cdot (b_{ik})] = \det(a_{ik}) \cdot \det(b_{ik})$$
$$\det[p \cdot (a_{ik})] = p^n \det(a_{ik})$$

Beispiele

$$\begin{vmatrix} 2 & -3 \\ 1 & 3 \end{vmatrix} = 2 \cdot 3 - 1 \cdot (-3) = 9$$

$$2 \cdot \begin{vmatrix} 2 & -3 \\ 1 & 3 \end{vmatrix} = \begin{vmatrix} 4 & -6 \\ 1 & 3 \end{vmatrix} = \begin{vmatrix} 4 & -3 \\ 2 & 3 \end{vmatrix} \qquad \begin{vmatrix} 2 & -3+x \\ 1 & 3+y \end{vmatrix} = \begin{vmatrix} 2 & -3 \\ 1 & 3 \end{vmatrix} + \begin{vmatrix} 2 & x \\ 1 & y \end{vmatrix} \qquad \begin{vmatrix} 2 & -3 \\ 10 & 15 \end{vmatrix} = \begin{vmatrix} 2 & -3 \\ 5 \cdot 2 & 5 \cdot (-3) \end{vmatrix} = 0$$

$$\begin{vmatrix} 2 & -3 \\ 1 & 3 \end{vmatrix} = \begin{vmatrix} 2 & 1 \\ -3 & 3 \end{vmatrix} = -\begin{vmatrix} -3 & 2 \\ 3 & 1 \end{vmatrix} \qquad \begin{vmatrix} 2 & -3 \\ 1 & 3 \end{vmatrix} = \begin{vmatrix} 2 & -3+4 \cdot 2 \\ 1 & 3+4 \cdot 1 \end{vmatrix} = \begin{vmatrix} 2 & 5 \\ 1 & 7 \end{vmatrix}$$

$$\begin{vmatrix} 1 & 2 & -2 \\ 1 & 2 & 1 \\ -1 & 3 & 1 \end{vmatrix} = 1 \cdot \begin{vmatrix} 2 & 1 \\ 3 & 1 \end{vmatrix} - 2 \cdot \begin{vmatrix} 1 & 1 \\ -1 & 1 \end{vmatrix} + (-2) \cdot \begin{vmatrix} 1 & 2 \\ -1 & 3 \end{vmatrix} = 1 \cdot 2 \cdot 1 + 2 \cdot 1 \cdot (-1) + (-2) \cdot 1 \cdot 3 - (-1) \cdot 2 \cdot (-2) - 3 \cdot 1 \cdot 1 - 1 \cdot 1 \cdot 1 = -15$$

Lineare Gleichungssysteme

Ein System von m linearen Gleichungen mit n Variablen $x_1, x_2, \ldots, x_n$

$$a_{11}x_1 + a_{12}x_2 + \cdots + a_{1n}x_n = b_1$$
$$\wedge \; a_{21}x_1 + a_{22}x_2 + \cdots + a_{2n}x_n = b_2$$
$$\cdots\cdots\cdots\cdots\cdots\cdots\cdots\cdots\cdots$$
$$\wedge \; a_{m1}x_1 + a_{m2}x_2 + \cdots + a_{mn}x_n = b_m$$

in Vektorschreibweise:

$$x_1 \vec{a}_1 + x_2 \vec{a}_2 + \cdots + x_n \vec{a}_n = \vec{b}$$

mit $\vec{a}_i = \begin{pmatrix} a_{1i} \\ a_{2i} \\ \vdots \\ a_{mi} \end{pmatrix}$; $\vec{b} = \begin{pmatrix} b_1 \\ b_2 \\ \vdots \\ b_m \end{pmatrix}$

in Matrizenschreibweise:

$$A \cdot \vec{x} = \vec{b}$$

mit $\vec{x} = \begin{pmatrix} x_1 \\ x_2 \\ \vdots \\ x_n \end{pmatrix}$, $A = (a_{ik})$

hat genau eine Lösung $(x_1, x_2, \ldots, x_n)$, falls $m = n$ und $\det(a_{ik}) \neq 0$ ist.

Spezialfall ($m = n = 2$):

$a_{11}x_1 + a_{12}x_2 = b_1$
$\wedge \; a_{21}x_1 + a_{22}x_2 = b_2$
$\quad D = \begin{vmatrix} a_{11} & a_{12} \\ a_{21} & a_{22} \end{vmatrix} \neq 0$ mit $D_1 := \begin{vmatrix} b_1 & a_{12} \\ b_2 & a_{22} \end{vmatrix}$, $D_2 := \begin{vmatrix} a_{11} & b_1 \\ a_{21} & b_2 \end{vmatrix}$ hat die Lösung $x_1 = \dfrac{D_1}{D}$, $x_2 = \dfrac{D_2}{D}$.

In diesem Fall kann das Gleichungssystem $A \cdot \vec{x} = \vec{b}$ zu $\vec{x} = A^{-1} \cdot \vec{b}$ aufgelöst werden.

Algebraische Strukturen: Lineare Algebra über $\mathbb{R}$

Beispiele	in Vektorschreibweise:	in Matrizenschreibweise:

$2x_1 - 3x_2 = -18$
$\wedge \; x_1 + 3x_2 = 9$

$x_1 \begin{pmatrix} 2 \\ 1 \end{pmatrix} + x_2 \begin{pmatrix} -3 \\ 3 \end{pmatrix} = \begin{pmatrix} -18 \\ 9 \end{pmatrix}$

$\begin{pmatrix} 2 & -3 \\ 1 & 3 \end{pmatrix} \begin{pmatrix} x_1 \\ x_2 \end{pmatrix} = \begin{pmatrix} -18 \\ 9 \end{pmatrix}$

$D = \begin{vmatrix} 2 & -3 \\ 1 & 3 \end{vmatrix} = 9 \neq 0; \quad D_1 = \begin{vmatrix} -18 & -3 \\ 9 & 3 \end{vmatrix} = -27; \quad D_2 = \begin{vmatrix} 2 & -18 \\ 1 & 9 \end{vmatrix} = 36$

$x_1 = \dfrac{-27}{9} = -3; \quad x_2 = \dfrac{36}{9} = 4 \qquad (x_1, x_2) = (-3; 4) \qquad \begin{pmatrix} x_1 \\ x_2 \end{pmatrix} = \begin{pmatrix} 1/3 & 1/3 \\ -1/9 & 2/9 \end{pmatrix} \cdot \begin{pmatrix} -18 \\ 9 \end{pmatrix} = \begin{pmatrix} -3 \\ 4 \end{pmatrix}$

4.3.2. Vektorräume

Ist $(V; \oplus)$ eine (kommutative) Gruppe und ist $(K; +; \cdot)$ ein Körper, für die es eine äußere Verknüpfung 1. Art $*$ gibt, so heißt $(V; \oplus)$ **Vektorraum** über $(K; +; \cdot)$, falls gilt:

$$\bigwedge_{\vec{a} \in V} 1 * \vec{a} = \vec{a}$$

$$\bigwedge_{(r,s) \in K^2} \bigwedge_{\vec{a} \in V} r * (s * \vec{a}) = (r \cdot s) * \vec{a} \qquad \text{gemischte Assoziativität}$$

$$\bigwedge_{(r,s) \in K^2} \bigwedge_{\vec{a} \in V} (r+s) * \vec{a} = r * \vec{a} \oplus s * \vec{a} \quad \text{Distributivität} \quad \bigwedge_{r \in K} \bigwedge_{(\vec{a},\vec{b}) \in V^2} r * (\vec{a} \oplus \vec{b}) = r * \vec{a} \oplus r * \vec{b}$$

Bemerkung: Die ausdrückliche Unterscheidung der Verknüpfungszeichen unterbleibt in der Praxis, d.h., man schreibt z.B. $(r+s) \cdot \vec{a} = r \cdot \vec{a} + s \cdot \vec{a}$ für das eine Distributivgesetz, wenn begrifflich alles geklärt ist. $*$ heißt auch s-Multiplikation (Multiplikation mit Skalaren).

Die Elemente $\vec{a}, \vec{b}, \ldots$ aus V heißen **Vektoren**, die Elemente $r, s, \ldots$ aus K **Skalare** (gewöhnlich $K = \mathbb{R}$).

Beispiele

V^2 Vektorraum der Ebene $\}$ [+ und $*$ sind geometrisch definiert]
V^3 Vektorraum des Raumes
$M_{m;n}$ Vektorraum der (m, n)-Matrizen (vgl. 4.3.1)
F_d Vektorraum der auf $\mathbb{R}$ differenzierbaren Funktionen $[(f \oplus g)(x) := f(x) + g(x); \quad (r \cdot f)(x) := r \cdot (f(x))]$
F_k Vektorraum der konvergenten Folgen.

$s_1 \vec{a}_1 + s_2 \vec{a}_2 + \cdots + s_n \vec{a}_n$ heißt **Linearkombination** der Vektoren $\vec{a}_1, \vec{a}_2, \ldots, \vec{a}_n$.
Die Vektoren $\vec{a}_1, \vec{a}_2, \ldots, \vec{a}_n$ heißen **linear unabhängig** genau dann, wenn

$$\bigwedge_{s_1, \ldots, s_n \in \mathbb{R}} (s_1 \vec{a}_1 + \cdots + s_n \vec{a}_n) = o \Rightarrow s_1 = s_2 = \cdots = s_n = 0;$$

sonst linear abhängig, d.h.: $(\vec{a}_1, \vec{a}_2, \ldots, \vec{a}_n)$ **linear abhängig** genau dann, wenn sich mindestens einer der Vektoren $\vec{a}_i$ als Linearkombination der übrigen darstellen läßt.

Beispiele $3\vec{a}_1 + 2\vec{a}_2 - 5\vec{a}_3$ ist Linearkombination von $\vec{a}_1, \vec{a}_2, \vec{a}_3$.

$\left(\begin{pmatrix} 1 \\ 2 \end{pmatrix}, \begin{pmatrix} 0 \\ 6 \end{pmatrix}\right)$ linear unabhängig, denn: $s_1 \begin{pmatrix} 1 \\ 2 \end{pmatrix} + s_2 \begin{pmatrix} 0 \\ 6 \end{pmatrix} = \begin{pmatrix} 0 \\ 0 \end{pmatrix} \Rightarrow s_1 = s_2 = 0;$ $\left(\begin{pmatrix} 0 \\ 2 \end{pmatrix}, \begin{pmatrix} 0 \\ 6 \end{pmatrix}\right)$ linear abhängig, denn: $\begin{pmatrix} 0 \\ 6 \end{pmatrix} = 3 \cdot \begin{pmatrix} 0 \\ 2 \end{pmatrix}$.

Eine geordnete Menge B von V, $B = (\vec{b}_1, \ldots, \vec{b}_n)$ heißt **Basis von** V genau dann, wenn sich jeder Vektor $\vec{a}$ aus V eindeutig als Linearkombination $\vec{a} = \sum_{i=1}^{n} s_i \vec{b}_i$ darstellen läßt. Gibt es eine Basis B aus genau n Vektoren aus V, so heißt die natürliche Zahl n die **Dimension des Vektorraumes** V; sie ist die Maximalzahl linear unabhängiger Vektoren in V. Ist $B = (\vec{b}_1, \ldots, \vec{b}_n)$ eine Basis eines n-dimensionalen Vektorraums V, gilt also für jeden Vektor $\vec{x} \in V$:

$\vec{x} = \sum_{i=1}^{n} x_i \vec{b}_i$, so ist die Abbildung $K_B: V \to \mathbb{R}^n, \vec{x} \mapsto \begin{pmatrix} x_1 \\ \vdots \\ x_n \end{pmatrix} =: \vec{x}_B$ ein Vektorraumisomorphismus (vgl. 4.3.4).

K_B heißt **Koordinatendarstellung von** V **bezüglich** B, $\vec{x}_B$ der zu $\vec{x}$ gehörige **Koordinatenvektor bezüglich** B. (Häufig braucht zwischen $\vec{x}_B$ und $\vec{x}$ nicht unterschieden zu werden.)

Algebraische Strukturen: Lineare Algebra über $\mathbb{R}$

Ist V ein Vektorraum mit Basis B, $\vec{x}_i \in V$ und $\vec{x}_{i_B} = \begin{pmatrix} x_{i1} \\ \vdots \\ x_{in} \end{pmatrix}$, dann:

$(\vec{x}_1, \ldots, \vec{x}_n)$ linear unabhängig $\Leftrightarrow \begin{vmatrix} x_{11} & \cdots & x_{n1} \\ \vdots & & \vdots \\ x_{1n} & \cdots & x_{nn} \end{vmatrix} \neq 0$.

Beispiele

Mit $B = (\vec{b}_1, \vec{b}_2)$ und $\vec{x} = 2\vec{b}_1 - 3\vec{b}_2$ ist $\vec{x}_B = \begin{pmatrix} 2 \\ -3 \end{pmatrix}$.

Für den Vektorraum $M_{3;1}$ der 3zeiligen Spaltenmatrizen ist eine Basis: die sog. **Standardbasis** (auch Basis für $\mathbb{R}^3$). $\left(\begin{pmatrix} 1 \\ 0 \\ 0 \end{pmatrix}, \begin{pmatrix} 0 \\ 1 \\ 0 \end{pmatrix}, \begin{pmatrix} 0 \\ 0 \\ 1 \end{pmatrix} \right)$

Eine äußere Verknüpfung 2. Art $V \times V \to \mathbb{R}$, $(\vec{x}, \vec{y}) \mapsto \vec{x} \cdot \vec{y}$ heißt **Skalarprodukt** (Punktprodukt), wenn gilt:

$\bigwedge_{(\vec{x},\vec{y},\vec{z}) \in V \times V \times V}$	$\vec{x} \cdot (\vec{y} \oplus \vec{z}) = \vec{x} \cdot \vec{y} + \vec{x} \cdot \vec{z}$	Distributivität
$\bigwedge_{(\vec{x},\vec{y}) \in V \times V} \bigwedge_{r \in \mathbb{R}}$	$(r * \vec{x}) \cdot \vec{y} = r \cdot (\vec{x} \cdot \vec{y})$	gemischte Assoziativität
$\bigwedge_{(\vec{x},\vec{y}) \in V \times V}$	$\vec{x} \cdot \vec{y} = \vec{y} \cdot \vec{x}$	Kommutativität
$\bigwedge_{\vec{x} \in V}$	$\vec{x} \cdot \vec{x} > 0 \Leftrightarrow \vec{x} \neq \vec{o}$	Positiv-Definit-Bedingung

Ein Vektorraum über $\mathbb{R}$ mit Skalarprodukt heißt **euklidischer Vektorraum**.

4.3.3. Der dreidimensionale euklidische Vektorraum V; Basis $B = (\vec{i}, \vec{j}, \vec{k})$

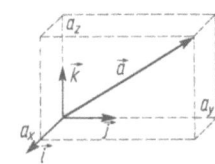

$\vec{a} \in V, \vec{b} \in V \qquad \vec{a} = a_x \vec{i} + a_y \vec{j} + a_z \vec{k} \qquad \vec{b} = b_x \vec{i} + b_y \vec{j} + b_z \vec{k}$

$\vec{a}_B = \begin{pmatrix} a_x \\ a_y \\ a_z \end{pmatrix} \qquad \vec{b}_B = \begin{pmatrix} b_x \\ b_y \\ b_z \end{pmatrix}$ (Koordinatendarstellung bezüglich der Basis B)

$\vec{a} = r \vec{b}, r \neq 0$ bedeutet $\vec{a} \parallel \vec{b} \qquad \vec{c} = r\vec{a} + s\vec{b}$ bedeutet $\vec{a}, \vec{b}, \vec{c}$ komplanar (linear abhängig!)

Skalarprodukt

$\vec{a} \cdot \vec{a} := \vec{a}^2$, $|\vec{a}| := a := \sqrt{\vec{a}^2}$ heißt **Norm (Betrag)** von $\vec{a}$.

Für $\vec{a} \neq \vec{o}$ ist $\vec{a}^0 := \frac{1}{a} \vec{a}$ **Einheitsvektor** in Richtung $\vec{a}$, $|\vec{a}^0| = 1$.

Für $\vec{a} \neq \vec{o}, \vec{b} \neq \vec{o}$ gilt $\vec{a} \perp \vec{b} :\Leftrightarrow \vec{a} \cdot \vec{b} = 0$; $\vec{a} \uparrow\uparrow \vec{b} :\Leftrightarrow \vec{a} \cdot \vec{b} = ab$; $\vec{a} \uparrow\downarrow \vec{b} :\Leftrightarrow \vec{a} \cdot \vec{b} = -ab$; $\cos(\vec{a}, \vec{b}) = \frac{\vec{a} \cdot \vec{b}}{a \cdot b}$.

B heißt **Orthonormalbasis** genau dann, wenn $\vec{i} \cdot \vec{i} = \vec{j} \cdot \vec{j} = \vec{k} \cdot \vec{k} = 1$ und $\vec{i} \cdot \vec{j} = \vec{j} \cdot \vec{k} = \vec{k} \cdot \vec{i} = 0$

Falls B Orthonormalbasis, gilt $\vec{a} \cdot \vec{b} = a_x b_x + a_y b_y + a_z b_z$;

$|\vec{a}| = a = \sqrt{a_x^2 + a_y^2 + a_z^2}; \qquad a_x = a \cos(\vec{i}, \vec{a}); \qquad a_y = a \cos(\vec{j}, \vec{a}); \qquad a_z = a \cos(\vec{k}, \vec{a})$

Vektorprodukt (Kreuzprodukt) (falls V orientiert)

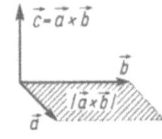

$\vec{c} = \vec{a} \times \vec{b} = -\vec{b} \times \vec{a} := \begin{vmatrix} \vec{i} & \vec{j} & \vec{k} \\ a_x & a_y & a_z \\ b_x & b_y & b_z \end{vmatrix} = \begin{vmatrix} \vec{i} & a_x & b_x \\ \vec{j} & a_y & b_y \\ \vec{k} & a_z & b_z \end{vmatrix} \qquad c = |\vec{a} \times \vec{b}| = ab \cdot \sin(\vec{a}, \vec{b})$

$\vec{c} \perp$ Ebene von $\vec{a}, \vec{b}$ (Rechtsschraubung)

$\vec{c} \times (\vec{a} + \vec{b}) = \vec{c} \times \vec{a} + \vec{c} \times \vec{b}; \qquad |\vec{a} \times \vec{b}| = ab \Leftrightarrow \vec{a} \perp \vec{b}; \qquad |\vec{a} \times \vec{b}| = 0 \Leftrightarrow \vec{a} \parallel \vec{b}$

Algebraische Strukturen: Analytische Geometrie

Für die Einheitsvektoren $\vec{i}, \vec{j}, \vec{k}$, gelten folgende Beziehungen:

$$\vec{i} \times \vec{j} = -\vec{j} \times \vec{i} = \vec{k}; \qquad \vec{j} \times \vec{k} = -\vec{k} \times \vec{j} = \vec{i}; \qquad \vec{k} \times \vec{i} = -\vec{i} \times \vec{k} = \vec{j}; \qquad \vec{i} \times \vec{i} = \vec{j} \times \vec{j} = \vec{k} \times \vec{k} = \vec{o}$$

Spatprodukt

$$(\vec{a} \times \vec{b}) \cdot \vec{c} = (\vec{b} \times \vec{c}) \cdot \vec{a} = (\vec{c} \times \vec{a}) \cdot \vec{b} = \begin{vmatrix} a_x & b_x & c_x \\ a_y & b_y & c_y \\ a_z & b_z & c_z \end{vmatrix}$$

Entwicklungssatz

$$(\vec{a} \times \vec{b}) \times \vec{c} = (\vec{a} \cdot \vec{c}) \cdot \vec{b} - (\vec{b} \cdot \vec{c}) \cdot \vec{a}$$

$$(\vec{a} \times \vec{b}) \cdot (\vec{c} \times \vec{d}) = (\vec{a} \cdot \vec{c})(\vec{b} \cdot \vec{d}) - (\vec{a} \cdot \vec{d})(\vec{b} \cdot \vec{c}) = \begin{vmatrix} (\vec{a} \cdot \vec{c}) & (\vec{a} \cdot \vec{d}) \\ (\vec{b} \cdot \vec{c}) & (\vec{b} \cdot \vec{d}) \end{vmatrix}$$

4.3.4. Lineare Abbildungen (Beispiele vgl. 4.4.3!)

V, W seien Vektorräume über demselben Körper K. Eine Abbildung $h: V \to W$ heißt

linear (Vektorraum|homomorphismus, – endomorphismus, falls $V = W$)   Vektorraum|isomorphismus, – automorphismus, falls $V = W$ genau dann, falls gilt:

$$\bigwedge_{(\vec{x},\vec{y}) \in V \times V} h(\vec{x} + \vec{y}) = h\vec{x} + h\vec{y} \qquad \text{Verträglichkeit mit der Addition}$$

$$\bigwedge_{\vec{x} \in V} \bigwedge_{r \in K} h(r\vec{x}) = r h\vec{x} \qquad \text{Verträglichkeit mit der s-Multiplikation}$$

h ist bijektiv

Die Menge $L(V, W)$ aller linearen Abbildungen $V \to W$ ist bezüglich Abbildungsaddition $((h_1 + h_2)x := h_1 x + h_2 x)$ und $\sim$ s-Multiplikation $((r h)\vec{x} := r(h\vec{x}))$ ein **Vektorraum**.

Der Teilvektorraum $\{\vec{x} \mid \vec{x} \in V \wedge h\vec{x} = \vec{o}_W\}$ von V heißt **Kern von** h (Kern h).

Der Teilvektorraum $\{\vec{x}' \mid \text{es gibt } \vec{x} \in V \wedge h\vec{x} = \vec{x}'\}$ von W heißt **Bild von** h (Bild h).

Hat V eine Basis $B = (\vec{b}_1, \cdots, \vec{b}_n)$, also dim $V = n$, so gilt der

Dimensionssatz   dim V = dim Kern h + dim Bild h; dim Bild h := Rang h.

4.4. Analytische Geometrie

4.4.1. Affine Geometrie

Eine Menge $\Pi = \{A, B, \ldots, P, Q, \ldots, X, \ldots\}$ (von Punkten) zusammen mit einem Vektorraum V heißt **affiner Raum** (Π, V) genau dann, falls gilt:

Es gibt eine surjektive Abbildung $\alpha : \Pi \times \Pi \to V$, $(P, Q) \mapsto \vec{v}$ $(\vec{v} := \vec{PQ})$

$$\bigwedge_{(P,Q) \in \Pi \times \Pi} \vec{PQ} = \vec{o} \Leftrightarrow P = Q$$

$$\bigwedge_{(P,Q,R) \in \Pi \times \Pi \times \Pi} \vec{PQ} + \vec{QR} = \vec{PR}$$

Durch Wahl eines festen Punktes $O \in \Pi$ (Ursprung) ist die Abbildung $\alpha_0 : \Pi \to V$, $P \mapsto \vec{OP}$ bijektiv. $\vec{OP} := \vec{p}$ heißt **Ortsvektor** von P bezüglich O. Ist B Basis von V, so heißt (O, B) **affines Koordinatensystem** von (Π, V), $\vec{p}_B$ Koordinatenvektor von P bezüglich (O, B). **dim $(\Pi, V) :=$ dim V**

Algebraische Strukturen: Analytische Geometrie

	Punktmenge Π	Vektorraum V	Koordinaten in der Ebene (Dim 2)	Koordinaten im Raum (Dim 3)
	Punkte P_1, P_2, X	**Ortsvektoren** $\vec{p}_1, \vec{p}_2, \vec{x}$	(2; 1)-Matrizen $\begin{pmatrix}x_1\\y_1\end{pmatrix}, \begin{pmatrix}x_2\\y_2\end{pmatrix}, \begin{pmatrix}x\\y\end{pmatrix}$	(3; 1)-Matrizen $\begin{pmatrix}x_1\\y_1\\z_1\end{pmatrix}, \begin{pmatrix}x_2\\y_2\\z_2\end{pmatrix}, \begin{pmatrix}x\\y\\z\end{pmatrix}$
	Gerade g durch 2 Punkte P_1, P_2 $\{X \mid \overrightarrow{OX} = \overrightarrow{OP_1} + \lambda \overrightarrow{P_1P_2}\}$ $P_1 \neq P_2, \lambda \in \mathbb{R}$	$\{\vec{x} \mid \vec{x} = \vec{p}_1 + \lambda(\vec{p}_2 - \vec{p}_1)\}$ $\vec{p}_2 - \vec{p}_1 \neq \vec{o}, \lambda \in \mathbb{R}$	**Parameterform** $\begin{pmatrix}x\\y\end{pmatrix} = \begin{pmatrix}x_1\\y_1\end{pmatrix} + \lambda \begin{pmatrix}x_2-x_1\\y_2-y_1\end{pmatrix}$	$\begin{pmatrix}x\\y\\z\end{pmatrix} = \begin{pmatrix}x_1\\y_1\\z_1\end{pmatrix} + \lambda \begin{pmatrix}x_2-x_1\\y_2-y_1\\z_2-z_1\end{pmatrix}$
			2-Punkteform $y - y_1 = \frac{y_2-y_1}{x_2-x_1}(x - x_1)$	$\frac{y-y_1}{x-x_1} = \frac{y_2-y_1}{x_2-x_1}$ $\wedge \frac{z-z_1}{x-x_1} = \frac{z_2-z_1}{x_2-x_1}$
	P_1 auf x-Achse P_2 auf y-Achse	$\vec{p}_1 = a \vec{b}_1, a \neq 0$ $\vec{p}_2 = b \vec{b}_2, b \neq 0$	**Achsenabschnittform** $\frac{x}{a} + \frac{y}{b} = 1$	$\frac{x}{a} + \frac{y}{b} = 1 \wedge z = 0$
	Gerade g durch Punkt P_1, Richtung $\vec{r}$ $\{X \mid \overrightarrow{OX} = \overrightarrow{OP_1} + \lambda \vec{r}\}$ $\lambda \in \mathbb{R}$	$\{\vec{x} \mid \vec{x} = \vec{p}_1 + \lambda \vec{r}\}$ Richtungsvektor $\vec{r} \neq \vec{o}$	**Parameterform** $\begin{pmatrix}x\\y\end{pmatrix} = \begin{pmatrix}x_1\\y_1\end{pmatrix} + \lambda \begin{pmatrix}r_x\\r_y\end{pmatrix}$	$\begin{pmatrix}x\\y\\z\end{pmatrix} = \begin{pmatrix}x_1\\y_1\\z_1\end{pmatrix} + \lambda \begin{pmatrix}r_x\\r_y\\r_z\end{pmatrix}$
			Punkt-Richtung-Form $y - y_1 = m(x - x_1)$ $\wedge m = \frac{r_y}{r_x}$ speziell $y_1 = n$, $x_1 = 0$ $y = mx + n$	$y - y_1 = m(x - x_1)$ $\wedge m = \frac{r_y}{r_x}$ $\wedge z - z_1 = \overline{m}(x - x_1)$ $\wedge \overline{m} = \frac{r_z}{r_x}$
	parallele Geraden $g_1 \parallel g_2$	$\vec{r}_1 = \lambda \vec{r}_2, \lambda \in \mathbb{R} \setminus \{0\}$	$m_1 = m_2$	$m_1 = m_2 \wedge \overline{m}_1 = \overline{m}_2$
	Teilpunkt X von $\overline{P_1P_2}$ $(X \neq P_2)$	$\vec{x} = \frac{\vec{p}_1 + \tau \vec{p}_2}{1 + \tau}, \vec{x} \neq \vec{p}_2$	$x = \frac{x_1 + \tau x_2}{1+\tau}, y = \frac{y_1 + \tau y_2}{1+\tau}$	$, z = \frac{z_1 + \tau z_2}{1+\tau}$
	Teilverhältnis τ $\tau \cdot \overrightarrow{XP_2} = \overrightarrow{P_1X}$	$\tau > 0, X$ innerer Punkt $\tau < 0, X$ äußerer Punkt	$\tau = \frac{x_1 - x}{x - x_2} = \frac{y_1 - y}{y - y_2}$	$, \tau = \frac{z_1 - z}{z - z_2}$
	Mittelpunkt M von $\overline{P_1P_2}$ $\tau = 1$	$\vec{x}_M = \frac{\vec{p}_1 + \vec{p}_2}{2}$	$x_M = \frac{x_1 + x_2}{2}$, $y_M = \frac{y_1 + y_2}{2}$	$, z_M = \frac{z_1 + z_2}{2}$
	Ebene durch 3 Punkte P_1, P_2, P_3 $\{X \mid X = \overrightarrow{OP_1} + \lambda \overrightarrow{P_1P_2} + \mu \overrightarrow{P_1P_3}\}$ P_1, P_2, P_3 nicht kollinear $\lambda \in \mathbb{R}, \mu \in \mathbb{R}$	$\{\vec{x} \mid \vec{x} = \vec{p}_1 + \lambda(\vec{p}_2 - \vec{p}_1) + \mu(\vec{p}_3 - \vec{p}_1)\}$ $(\vec{p}_2 - \vec{p}_1), (\vec{p}_3 - \vec{p}_1)$ lin. unabhängig $\lambda, \mu \in \mathbb{R}$	$y \in \mathbb{R}$ $x \in \mathbb{R}$	**Parameterform** $\begin{pmatrix}x\\y\\z\end{pmatrix} = \begin{pmatrix}x_1\\y_1\\z_1\end{pmatrix} + \lambda \begin{pmatrix}x_2-x_1\\y_2-y_1\\z_2-z_1\end{pmatrix} + \mu \begin{pmatrix}x_3-x_1\\y_3-y_1\\z_3-z_1\end{pmatrix}$ **Punkt-Richtung-Form** $(x - x_1) \cdot \begin{vmatrix}s_y & r_y\\s_z & r_z\end{vmatrix} + (y - y_1) \cdot \begin{vmatrix}r_x & s_x\\r_z & s_z\end{vmatrix} + (z - z_1) \cdot \begin{vmatrix}s_x & r_x\\s_y & r_y\end{vmatrix} = 0$
	Ebene durch Punkt P_1, Richtungen $\vec{r}, \vec{s}$ $\overrightarrow{P_1P_2} = \vec{r}, \overrightarrow{P_1P_3} = \vec{s}$	$\vec{r}, \vec{s}$ lin. unabhängig		
	Schwerpunkt S eines Dreiecks $P_1P_2P_3$	$\vec{x}_S = \frac{\vec{p}_1 + \vec{p}_2 + \vec{p}_3}{3}$	$x_S = \frac{x_1 + x_2 + x_3}{3}$, $y_S = \frac{y_1 + y_2 + y_3}{3}$	$z_S = \frac{z_1 + z_2 + z_3}{3}$

Algebraische Strukturen: Analytische Geometrie

4.4.2. Euklidische Geometrie

Ein affiner Raum (Π, V) heißt **euklidischer Raum** genau dann, wenn in V ein Skalarprodukt definiert ist (d.h. wenn V euklidischer Vektorraum ist).
Ein **Koordinatensystem** (O, B) heißt **kartesisch** genau dann, wenn B orthonormal.

	Punktmenge Π	euklidischer Raum V	Koordinaten in der Ebene (Dim 2)	Koordinaten im Raum (Dim 3)
	Entfernung e zweier Punkte P_1, P_2 $e = \|\overrightarrow{P_1P_2}\|$	$e = \|\vec{p_1} - \vec{p_2}\|$	$e = \sqrt{(x_1-x_2)^2 + (y_1-y_2)^2}$	$e = \sqrt{(x_1-x_2)^2 + (y_1-y_2)^2 + (z_1-z_2)^2}$
	orthogonale Geraden g_1, g_2 $g_1 \perp g_2$	$\vec{r_1} \cdot \vec{r_2} = 0$ ($\vec{r_i}$ Richtung von g_i)	$m_i := \frac{r_{iy}}{r_{ix}} = \tan\alpha_i$ $m_1 \cdot m_2 = -1$	$\overline{m}_i := \frac{r_{iz}}{r_{ix}}$ $m_1 \cdot m_2 + \overline{m}_1 \cdot \overline{m}_2 = -1$
	Gerade g/Ebene E durch Punkt P_1, Normale $\vec{n}$ $\{X \mid \overrightarrow{P_1X} \perp \vec{n}\}$ $\vec{n} \neq \vec{o}$	$\{\vec{x} \mid \vec{n} \cdot (\vec{x} - \vec{p_1}) = 0\}$ $\vec{n} \neq \vec{o}$	**Gerade – Normalform – Ebene** $a(x-x_1) + b(y-y_1) = 0$ wobei $\binom{a}{b} = \vec{n}_B$, $a^2 + b^2 \neq 0$	$a(x-x_1) + b(y-y_1) + c(z-z_1) = 0$ wobei $\binom{a}{b}{c} = \vec{n}_B$, $a^2 + b^2 + c^2 \neq 0$
			Allgemeine Form $ax + by + k = 0$ wobei $k := -ax_1 - by_1$	$ax + by + cz + k = 0$ wobei $k := -ax_1 - by_1 - cz_1$
	Hesse-Normierung	$\|\vec{n}\| = 1$	**Hessesche Normalform** $x \cdot \cos\alpha + y \cdot \sin\alpha + k = 0$ wobei $k = -x_1 \cos\alpha - y_1 \sin\alpha \leq 0$	$x \cdot \cos\alpha_x + y \cdot \cos\alpha_y + z \cdot \cos\alpha_z + k = 0$ wobei $k \leq 0$
	Abstand d: Punkt P_0 – Gerade g/Ebene E $d = \|\overrightarrow{P_0F}\|$	$d = \vec{n} \cdot \vec{p_0} + k$, $k \leq 0$	$d = x_0 \cos\alpha + y_0 \sin\alpha + k$, wobei $k \leq 0$	$d = x_0 \cos\alpha_x + y_0 \cos\alpha_y + z_0 \cos\alpha_z + k$, wobei $k \leq 0$
	Schnittwinkel φ zweier Geraden/Ebenen $\varphi = \sphericalangle(g_1, g_2)$ $[= \sphericalangle(E_1, E_2)]$	$\varphi = \sphericalangle(\vec{r_1}, \vec{r_2}) = \sphericalangle(\vec{n_1}, \vec{n_2})$ $\cos\varphi = \frac{\vec{n_1} \cdot \vec{n_2}}{\|\vec{n_1}\| \cdot \|\vec{n_2}\|}$	$\tan\varphi = \frac{m_2 - m_1}{1 + m_1 \cdot m_2}$ $\cos\varphi = \frac{a_1 a_2 + b_1 b_2}{\sqrt{a_1^2 + b_1^2} \cdot \sqrt{a_2^2 + b_2^2}}$	$\cos\varphi = \frac{a_1 a_2 + b_1 b_2 + c_1 c_2}{\sqrt{a_1^2 + b_1^2 + c_1^2} \cdot \sqrt{a_2^2 + b_2^2 + c_2^2}}$
	Fläche eines Dreiecks $P_1P_2P_3$ $A = \|P_1P_2P_3\|$	$A = \frac{1}{2}\|(\vec{p_2} - \vec{p_1}) \times (\vec{p_3} - \vec{p_1})\|$	$A = \frac{1}{2}\left\| \begin{matrix} x_2-x_1 & x_3-x_1 \\ y_2-y_1 & y_3-y_1 \end{matrix} \right\| = \frac{1}{2}\left\| \begin{matrix} x_1 & y_1 & 1 \\ x_2 & y_2 & 1 \\ x_3 & y_3 & 1 \end{matrix} \right\|$	
	Kreis/Kugel um M, Radius r $\{X \mid \|\overrightarrow{MX}\| = r\}$	$\{\vec{x} \mid (\vec{x} - \vec{x_M})^2 = r^2\}$	$(x - x_M)^2 + (y - y_M)^2 = r^2$	$(x - x_M)^2 + (y - y_M)^2 + (z - z_M)^2 = r^2$
	Tangente/Tangentialebene in P_1 $\{X \mid \overrightarrow{P_1X} \perp \overrightarrow{P_1M}\}$	$\{\vec{x} \mid (\vec{x} - \vec{x_M}) \cdot (\vec{p_1} - \vec{x_M}) = r^2\}$	$(x - x_M) \cdot (x_1 - x_M) + (y - y_M) \cdot (y_1 - y_M) = r^2$	$(x - x_M) \cdot (x_1 - x_M) + (y - y_M) \cdot (y_1 - y_M) + (z - z_M) \cdot (z_1 - z_M) = r^2$

Algebraische Strukturen: Analytische Geometrie

4.4.3. Geometrische Abbildungen

$f: \Pi \to \Pi$, $X \mapsto X'$ heißt **affine Abbildung** genau dann, wenn für die zugehörigen Ortsvektoren $\vec{x}, \vec{x}'$ gilt: $\vec{x}' = h\vec{x} + \vec{v}$, wobei $h: V \to V$ ein Vektorraumautomorphismus (vgl. 4.3.4) und $\vec{v} \in V$. Bezogen auf ein affines Koordinatensystem (O, B) gilt für die zugehörigen Koordinatenmatrizen: $\vec{x}'_B = H_B \cdot \vec{x}_B + \vec{v}_B \wedge \det H_B \neq 0$; speziell für die Ebene (Dimension 2) gilt:
$$\begin{pmatrix} x' \\ y' \end{pmatrix} = \begin{pmatrix} a & b \\ c & d \end{pmatrix} \cdot \begin{pmatrix} x \\ y \end{pmatrix} + \begin{pmatrix} v_x \\ v_y \end{pmatrix} \quad \text{oder} \quad \begin{matrix} x' = ax + by + v_x \\ \wedge \; y' = cx + dy + v_y \end{matrix} \quad \text{mit} \; \begin{vmatrix} a & b \\ c & d \end{vmatrix} \neq 0$$

Spezielle affine Abbildungen der Ebene, bezogen auf (O, B) kartesisch

Name	Matrix H_B	$\vec{v}$	Invarianten
Affinität (allgemein)	$\begin{pmatrix} a & b \\ c & d \end{pmatrix}$	$\vec{v} \in V$	Geraden, Inzidenz, Parallelität, Teilverhältnis
Affinität mit x-Achse als Affinitätsachse	$\begin{pmatrix} 1 & (k-1)\cot\alpha \\ 0 & k \end{pmatrix}$	$\vec{o}$	
Euler-Affinität mit x-Achse und y-Achse als Affinitätsachsen	$\begin{pmatrix} k_1 & 0 \\ 0 & k_2 \end{pmatrix}$	$\vec{o}$	
Affin (Schief)-Spiegelung an x-Achse	$\begin{pmatrix} 1 & -2\cot\alpha \\ 0 & -1 \end{pmatrix}$	$\vec{o}$	zusätzlich: Flächeninhalt
Scherung mit x-Achse als Scherachse	$\begin{pmatrix} 1 & \tan\varphi \\ 0 & 1 \end{pmatrix}$	$\vec{o}$	
Ähnlichkeitsabbildung α) gleichsinnig β) ungleichsinnig	α) $\begin{pmatrix} a & b \\ -b & a \end{pmatrix}$ β) $\begin{pmatrix} a & b \\ b & -a \end{pmatrix}$	$\vec{v} \in V$ $\vec{v} \in V$	zusätzlich: Streckenverhältnis, Winkelgröße (Flächeninhalt nur bei $\det H_B = \pm 1$)
Drehstreckung um O, Drehwinkel δ, Streckfaktor k (falls $\delta = 0$, zentrische Streckung)	$\begin{pmatrix} k\cos\delta & -k\sin\delta \\ k\sin\delta & k\cos\delta \end{pmatrix}$	$\vec{o}$	
Kongruenzabbildung α) gleichsinnig β) gegensinnig	α) $\begin{pmatrix} a & b \\ -b & a \end{pmatrix} \wedge \begin{vmatrix} a & b \\ -b & a \end{vmatrix} = 1$ β) $\begin{pmatrix} a & b \\ b & -a \end{pmatrix} \wedge \begin{vmatrix} a & b \\ b & -a \end{vmatrix} = -1$	$\vec{v} \in V$ $\vec{v} \in V$	zusätzlich: Länge
Drehung um Zentrum O, Drehwinkel δ	$\begin{pmatrix} \cos\delta & -\sin\delta \\ \sin\delta & \cos\delta \end{pmatrix}$	$\vec{o}$	
Spiegelung an der Nullpunktgeraden g	$\begin{pmatrix} \cos 2\alpha & \sin 2\alpha \\ \sin 2\alpha & -\cos 2\alpha \end{pmatrix}$	$\vec{o}$	
Parallelverschiebung um $\vec{v}$ (Translation $\vec{v}$)	$\begin{pmatrix} 1 & 0 \\ 0 & 1 \end{pmatrix}$	$\vec{v} \in V$	

4.4.4. Kegelschnitte

Achsenparallele Lage

Gleichung für	Mittelpunkt (0; 0)		Scheitelpunkt (0; 0)
	Kreis	Ellipse/Hyperbel	Parabel
Kegelschnitt	$x^2 + y^2 = r^2$	$\dfrac{x^2}{a^2} \pm \dfrac{y^2}{b^2} = 1$	$y^2 = 2px$
Tangente/Polare	$x_1 x + y_1 y = r^2$	$\dfrac{x_1 x}{a^2} \pm \dfrac{y_1 y}{b^2} = 1$	$y_1 y = p(x + x_1)$
Normale	$y = \dfrac{y_1}{x_1} \cdot x$	$y - y_1 = \pm \dfrac{a^2 y_1}{b^2 x_1}(x - x_1)$	$y - y_1 = -\dfrac{y_1}{p}(x - x_1)$
$y = mx + n$ ist Tangente, wenn	$n^2 = r^2(m^2 + 1)$	$n^2 = a^2 m^2 \pm b^2$	$p = 2mn$
$y = mx$ ist konjugiert zu $y = m'x$, wenn	$mm' = -1$	$mm' = \mp \dfrac{b^2}{a^2}$	$mm' = 0$

Hyperbelasymptoten	$y = \pm \dfrac{b}{a} x$		Subtangente $2 x_1$
			Subnormale p
			Abschnitt $\dfrac{4}{3} x_1 y_1$

	Scheitelpunkt (0; 0)		
Exzentrizität lineare	$e = 0$	$e^2 = a^2 \mp b^2$	—
numerische	$\varepsilon = 0$	$\varepsilon = \dfrac{e}{a} < 1; > 1$	$\varepsilon = 1$
Parameter $2p$ (Sperrung)	$p = r$	$p = \dfrac{b^2}{a}$	p
Scheitelgleichung	$y^2 = x(2r - x)$	$y^2 = 2px \mp \dfrac{p}{a} x^2$ $y^2 = 2px - (1 - \varepsilon^2) x^2$	$y^2 = 2px$
Polargleichung	$r = \dfrac{p}{1 - \varepsilon \cos \alpha}$		

Algebraische Strukturen: Analytische Geometrie

Allgem. Gleichung der Kegelschnitte

$$Ax^2 + 2Bxy + Cy^2 + 2Dx + 2Ey + F = 0$$

Matrixschreibweise

$$X^T \cdot K \cdot X = 0 \quad \text{mit} \quad X = \begin{pmatrix} x \\ y \\ 1 \end{pmatrix}, \quad K = \begin{pmatrix} A & B & D \\ B & C & E \\ D & E & F \end{pmatrix}, \quad X^T := (x, y, 1)$$

Tangente und Polare

$$Ax_1 x + B(xy_1 + x_1 y) + Cy_1 y + D(x + x_1) + E(y + y_1) + F = 0$$

Matrixschreibweise

$$X^T \cdot K \cdot X_1 = 0 \quad \text{mit} \quad X_1 = \begin{pmatrix} x_1 \\ y_1 \\ 1 \end{pmatrix}$$

Invarianten

$$sp := A + C, \quad \delta := \begin{vmatrix} A & B \\ B & C \end{vmatrix}, \quad \Delta := \begin{vmatrix} A & B & D \\ B & C & E \\ D & E & F \end{vmatrix}$$

Vollständige Übersicht

	$\Delta \neq 0$		$\Delta = 0$	
$\delta > 0$	Ellipse	$(A \cdot \Delta < 0)$	Punkt	
	imaginär	$(A \cdot \Delta > 0)$		
$\delta < 0$	Hyperbel		Geradenpaar, schneidend	
$\delta = 0$	Parabel		Geradenpaar	$\begin{vmatrix} C & E \\ E & F \end{vmatrix}$
			parallel	< 0
			imaginär	> 0
			zusammenfallend	$= 0$

Mittelpunkt

$$M\left(\frac{\begin{vmatrix} B & C \\ D & E \end{vmatrix}}{\delta}, \frac{-\begin{vmatrix} A & B \\ D & E \end{vmatrix}}{\delta} \right) \quad (\delta \neq 0)$$

Richtungswinkel α einer Hauptachse

$$\tan 2\alpha = \frac{2B}{A - C} \quad \text{für} \quad A \neq C$$

Hauptachsen Ellipse/Hyperbel

$$a = \sqrt{\left|\frac{\Delta}{\delta \cdot \lambda_1}\right|}, \quad b = \sqrt{\left|\frac{\Delta}{\delta \cdot \lambda_2}\right|} \quad (\delta \neq 0) \quad \text{wobei} \quad \lambda_i \in \{\lambda \mid \lambda^2 - sp \cdot \lambda + \delta = 0\}$$

Parameter Parabel

$$p = \sqrt{-\frac{\Delta}{sp^3}}$$

Beispiel

$$3x^2 - 4xy + 3y^2 + 2y - 8 = 0, \quad (x\ y\ 1) \begin{pmatrix} 3 & -2 & 0 \\ -2 & 3 & 1 \\ 0 & 1 & -8 \end{pmatrix} \begin{pmatrix} x \\ y \\ 1 \end{pmatrix} = 0$$

$$sp = 3 + 3 = 6, \quad \delta = \begin{vmatrix} 3 & -2 \\ -2 & 3 \end{vmatrix} = 5, \quad \Delta = \begin{vmatrix} 3 & -2 & 0 \\ -2 & 3 & 1 \\ 0 & 1 & -8 \end{vmatrix} = -43$$

$\delta > 0$, $A \cdot \Delta = 3 \cdot (-43) < 0 \Rightarrow$ Ellipse, $M(-0{,}4;\ -0{,}6)$,

$\tan 2\alpha$ nicht definiert $\Rightarrow \alpha = 45°$, $a = 2{,}93$, $b = 1{,}31$

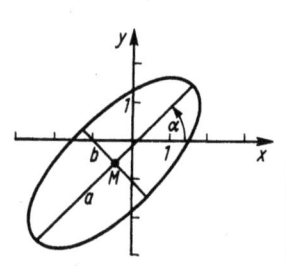

Ordnungsstrukturen

4.5. Komplexe Zahlen

Imaginäre Einheit i $i^2 := -1$ $i^{4k+n} = i^n$ $(k \in \mathbb{Z}; n = 0, 1, 2, 3)$
(In der Elektrotechnik wird die imaginäre Einheit mit j bezeichnet.)

Komplexe Zahl $z = a + ib = r(\cos\varphi + i\sin\varphi)$, $|z| = r = \sqrt{a^2 + b^2}$, $\tan\varphi = \dfrac{b}{a}$

a: Realteil von z (Re z),   r: Betrag von z
b: Imaginärteil von z (Im z), φ: Argument von z.

$z_1 \pm z_2 := (a_1 \pm a_2) + i(b_1 \pm b_2)$

$z_1 \cdot z_2 = (r_1 \cdot r_2) \cdot (\cos(\varphi_1 + \varphi_2) + i\sin(\varphi_1 + \varphi_2))$

$z_1 : z_2 = (r_1 : r_2) \cdot (\cos(\varphi_1 - \varphi_2) + i\sin(\varphi_1 - \varphi_2))$

Konjugiert komplexe Zahl $\bar{z} (= a - ib)$ konjugiert komplex zu $z (= a + ib)$.
(Bezeichnung nach DIN 1302: z^* statt $\bar{z}$.)

$\overline{z_1 + z_2} = \bar{z}_1 + \bar{z}_2$, $\overline{z_1 \cdot z_2} = \bar{z}_1 \cdot \bar{z}_2$, $z \cdot \bar{z} = a^2 + b^2 = r^2$

$a = \dfrac{1}{2}(z + \bar{z})$ $b = \dfrac{1}{2i}(z - \bar{z})$

Moivrescher Satz $(a + ib)^n = [r(\cos\varphi + i\sin\varphi)]^n = r^n(\cos n\varphi + i\sin n\varphi)$

$\sqrt[q]{a + ib} = \sqrt[q]{r}\left(\cos\dfrac{\varphi + 2k\pi}{q} + i\sin\dfrac{\varphi + 2k\pi}{q}\right)$ $(k \in \mathbb{Z})$ $(q \in \mathbb{N})$

Eulersche Formel $e^{ix} = \cos x + i\sin x$ (Komplexe Zahl $z = r \cdot e^{i\varphi}$)

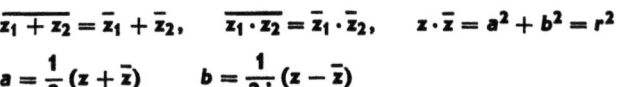

$\cos x = \dfrac{e^{ix} + e^{-ix}}{2}$, $\sin x = \dfrac{e^{ix} - e^{-ix}}{2i}$, $e^{x + 2k\pi i} = e^x$

$\cosh x := \dfrac{e^x + e^{-x}}{2}$, $\sinh x := \dfrac{e^x - e^{-x}}{2}$, $\ln(a + ib) = \ln r + i\varphi + 2k\pi i$

5. Ordnungsstrukturen

Grundbegriffe

Ordnungsrelationen in einer Menge $M = \{x, y, z, \ldots\}$. Ist $\leq$ (bzw. $\prec$) Leerstelle für eine zweistellige Relation, so wird dadurch der Menge M eine Ordnungsstruktur aufgeprägt, und zwar die Struktur einer

| Halb(Teil)-Ordnung | Vollständigen Ordnung | Wohlordnung |, wenn gilt:

Ordnung 1. Art $\leq$	Ordnung 2. Art $\prec$
Transitivität: $\bigwedge\limits_{(x,y,z) \in M^3} x \leq y \wedge y \leq z \Rightarrow x \leq z$	Transitivität: $\bigwedge\limits_{(x,y,z) \in M^3} x \prec y \wedge y \prec z \Rightarrow x \prec z$
Reflexivität: $\bigwedge\limits_{x \in M} x \leq x$	Asymmetrie: $\bigwedge\limits_{(x,y) \in M^2} x \prec y \Rightarrow \neg(y \prec x)$
Identitivität: $\bigwedge\limits_{(x,y) \in M^2} x \leq y \wedge y \leq x \Rightarrow x = y$	
Konnexität: $\bigwedge\limits_{(x,y) \in M^2} x \leq y \vee y \leq x$	Konnexität: $\bigwedge\limits_{(x,y) \in M^2} x \neq y \Rightarrow x \prec y \vee y \prec x$

Jede nichtleere Teilmenge $T \subseteq M$ hat ein erstes Element

Beispiele

1. $(\mathbb{N}; |)$:   Halb(Teil)-Ordnung 1. Art $(x | y :\Leftrightarrow x$ ist Teiler von $y)$
2. $(\mathfrak{P}(M); \subset)$:   Halb(Teil)-Ordnung 2. Art $(T \subset S :\Leftrightarrow T$ ist echte Teilmenge von $S)$
3. $(\mathbb{Q}; \leq)$:   vollständige Ordnung 1. Art $(x \leq y :\Leftrightarrow \bigvee\limits_{z \in \mathbb{Q}_0^+} x + z = y)$ 4. $(\mathbb{N}; \leq)$:   Wohlordnung 1. Art

Topologische Strukturen: Metrik, metrischer Raum

Ist $(M; \preceq)$ eine halbgeordnete Menge und $A \subseteq M$, so heißt

$s \in M$ **obere Schranke** von A, wenn $\bigwedge_{x \in A} x \preceq s$

$g \in M$ **obere Grenze** von A, wenn $\bigwedge_{x \in A} x \preceq g \wedge \bigwedge_{s \in S} g \preceq s$, $S := \{s \mid s \in M \wedge \bigwedge_{x \in A} x \preceq s\}$

Man schreibt $g = \sup A$

Anordnung Gelten in einem Ring $(M; +, \cdot)$ mit der vollständigen Ordnung $<$ die Beziehungen

$$\bigwedge_{(x,y,z) \in M^3} x < y \Rightarrow x + z < y + z \quad \text{und} \quad \bigwedge_{(x,y) \in M^2} 0 < x \wedge 0 < y \Rightarrow 0 < xy,$$

so heißt die Relation **Anordnung**. $(M; +, \cdot; <)$ heißt angeordneter Ring.

$\mathbb{Z}$ ist ein angeordneter Ring
$\mathbb{R}$ ist ein angeordneter Körper mit den Ordnungsrelationen $\leq$ kleiner-gleich (O.R. 1. Art)
$<$ kleiner (O.R. 2. Art)

Archimedische Anordnung heißt eine Anordnung, wenn zusätzlich gilt

$$\bigwedge_{(x,y) \in M^2} 0 < x \wedge 0 < y \bigvee_{n \in \mathbb{N}} x < ny \quad (n \cdot y := y + y + \cdots + y; \ n \text{ Summanden})$$

Intervalle

offenes Intervall	halboffenes Intervall	abgeschlossenes Intervall
$]a, b[:= \{x \mid a < x < b\}$	$]a, b] := \{x \mid a < x \leq b\}$	$[a, b] := \{x \mid a \leq x \leq b\}$

Ungleichungen

$a < b \Leftrightarrow a + c < b + c$	$a < b \wedge c < d \Rightarrow a + c < b + d$	$a < \frac{a+b}{2} < b \quad (a < b)$
$a < b \Leftrightarrow a \cdot c < b \cdot c \quad (c > 0)$	$a < b \Leftrightarrow a \cdot c > b \cdot c \quad (c < 0)$	$a < b \Rightarrow a \cdot c = b \cdot c \ (c = 0)$
$a < b \Leftrightarrow \frac{1}{a} > \frac{1}{b} \quad (ab > 0)$	$a < b \Leftrightarrow \frac{1}{a} < \frac{1}{b} \quad (ab < 0)$	
$a < a^2 \quad (a < 0 \vee a > 1)$	$a > a^2 \quad (0 < a < 1)$	$a^2 \geq 0$

Absoluter Betrag

$|a| := \begin{cases} a & \text{für } (a \geq 0) \\ -a & \text{für } (a < 0) \end{cases}$ $\quad |a| = |-a|$ $\quad |a| \leq |b| \Rightarrow -|b| \leq a \leq |b|$

$|a \cdot b| = |a| \cdot |b|$

$|a + b| \leq |a| + |b|$ (Dreiecksungleichung) $\quad ||a| - |b|| \leq |a + b|$

6. Topologische Strukturen
6.1. Metrik, metrischer Raum

Gegeben: Eine Menge $M = \{x, y, z, \ldots\}$ und eine **Abbildung** $d: M \times M \to \mathbb{R}_0^+$.
Es heißt d **Abstandsfunktion** oder **Metrik** in M und (M, d) **metrischer Raum** genau dann, wenn gilt:

$$\bigwedge_{x \in M} d(x, x) = 0 \qquad \bigwedge_{x \in M} \bigwedge_{y \in M} d(x, y) = d(y, x)$$

$$\bigwedge_{x \in M} \bigwedge_{y \in M} d(x, y) > 0, \text{ falls } x \neq y \qquad \bigwedge_{x \in M} \bigwedge_{y \in M} \bigwedge_{z \in M} d(x, y) + d(y, z) \geq d(x, z)$$

ε-Sphäre um x

$S_\varepsilon(x) := \{y \mid d(x, y) < \varepsilon \wedge \varepsilon > 0\}$

Umgebung von x

$U(x) \subset \mathbb{R}$ mit $x \in U(x)$ und für mindestens ein ε
$S_\varepsilon(x) \subset U(x)$

Beispiele

Metrik in $\mathbb{R}$: $d(x, y) := |x - y|$; Metrik in $\mathbb{R}^2$: $d(x, y) := \sqrt{(x_1 - y_1)^2 + (x_2 - y_2)^2}$ mit $x = (x_1, x_2)$, $y = (y_1, y_2)$.
ε-Sphäre um x in $\mathbb{R}$: offenes Intervall $]x - \varepsilon, x + \varepsilon[$; ε-Sphäre um x in $\mathbb{R}^2$: offene Kreisscheibe um x. Jede Obermenge von $]x - \varepsilon, x + \varepsilon[$ ist Umgebung von x bei der üblichen metrischen Topologie über $\mathbb{R}$.

Topologische Strukturen: Grenzwert, Stetigkeit

6.2. Grenzwert, Stetigkeit bei reellen Funktionen einer reellen Variablen

Grenzwert g einer Funktion f an der Stelle x_0: $g := \lim_{x_0} f := \lim_{x \to x_0} f(x)$ genau dann, wenn

$$\bigwedge_{\varepsilon \in \mathbb{R}^+} \bigvee_{\delta \in \mathbb{R}^+} \bigwedge_{x \neq x_0} |x - x_0| < \delta \Rightarrow |g - f(x)| < \varepsilon$$

oder wenn es zu jeder Umgebung V von g eine Umgebung U von x_0 so gibt, daß $f(U) \subseteq V$.

Grenzwert g einer Folge $\langle a_n \rangle$ $a_n \to g$ für $n \to \infty$, $g := \lim_{n \to \infty} a_n$ genau dann, wenn

$$\bigwedge_{\varepsilon \in \mathbb{R}^+} \bigvee_{n(\varepsilon) \in \mathbb{N}} \bigwedge_{n} n > n(\varepsilon) \Rightarrow |g - a_n| < \varepsilon$$

(Vgl. 6.5. Unendliche Reihen, S. 24)

Grenzwert s einer Reihe $\sum_{i=1}^{\infty} a_i$ ist der Grenzwert der Folge ihrer Partialsummen.

$$s := \sum_{i=1}^{\infty} a_i := \lim_{n \to \infty} s_n, \quad \text{wobei} \quad s_n := \sum_{i=1}^{n} a_i \quad \text{Partialsumme.}$$

Grenzwertsätze

$$\bigwedge_{x_0} \lim_{x \to x_0} x = x_0 \qquad \bigwedge_{x_0} \lim_{x \to x_0} k = k$$

$$\bigwedge_{f_1, f_2} \bigwedge_{x_0} \left(\bigvee_{g_1} g_1 = \lim_{x_0} f_1 \wedge \bigvee_{g_2} g_2 = \lim_{x_0} f_2 \Rightarrow \bigvee_{g} g = \lim_{x_0} (f_1 \pm f_2) \wedge g = g_1 \pm g_2 \right)$$

$$\bigwedge_{f_1, f_2} \bigwedge_{x_0} \left(\bigvee_{g_1} g_1 = \lim_{x_1} f_1 \wedge \bigvee_{g_2 \neq 0} g_2 = \lim_{x_0} f_2 \Rightarrow \bigvee_{g} g = \lim_{x_0} \frac{f_1}{f_2} \wedge g = \frac{g_1}{g_2} \right)$$

Stetigkeit

Eine Funktion f heißt an einer Stelle x_0 stetig genau dann, wenn $f(x_0)$ existiert, $\lim_{x_0} f$ existiert und $\lim_{x_0} f = f(x_0)$.
Es gilt: $\lim_{x \to x_0} f(x) = f(\lim_{x \to x_0} x)$.
f heißt in $[a, b]$ stetig, falls f an jeder Stelle $x \in [a, b]$ stetig ist.

Spezielle Grenzwerte

$$\lim_{n \to \infty} \frac{1}{n} = 0 \qquad \lim_{n \to \infty} \sqrt[n]{n} = 1 \qquad \lim_{n \to \infty} \frac{x^n}{n!} = 0$$

$$\lim_{n \to \infty} \left(1 + \frac{1}{n}\right)^n = e \qquad \lim_{x \to 0} (1 + x)^{\frac{1}{x}} = e \qquad \lim_{x \to 0} \frac{(1 + x)^n - 1}{x} = n$$

$$\lim_{x \to 0} a^x = 1 \ (a \neq 0) \qquad \lim_{x \to 0} x^x = 1 \ (x > 0) \qquad \lim_{x \to 0} \frac{a^x - 1}{x} = \ln a$$

$$\lim_{x \to \infty} \frac{x^a}{e^x} = 0 \ (a > 0) \qquad \lim_{x \to 0} (x^a \cdot \ln x) = 0 \ (a > 0) \qquad \lim_{x \to \infty} \frac{\ln x}{x^a} = 0 \ a > 0)$$

$$\lim_{x \to 0} \frac{\tan x}{x} = 1 \qquad \lim_{x \to 0} \frac{\sin x}{x} = 1 \qquad \lim_{x \to 0} \frac{1 - \cos x}{x^2} = \frac{1}{2}$$

Topologische Strukturen: Differentialrechnung

6.3. Differentialrechnung

Definition: Eine Funktion f heißt an einer Stelle x differenzierbar genau dann, wenn $\lim\limits_{x} \dfrac{f(x^*) - f(x)}{x^* - x}$ existiert.

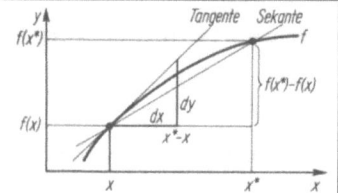

f heißt in $[a, b]$ differenzierbar, falls f an jeder Stelle $x \in [a, b]$ differenzierbar ist.

Es gilt: Ist f in $[a, b]$ differenzierbar, so f auch in $[a, b]$ stetig. (Die Umkehrung dieses Satzes gilt nicht.)

Definition: Diejenige Funktion f', die jedem x den Grenzwert $\lim\limits_{x} \dfrac{f(x^*) - f(x)}{x^* - x}$ zuordnet, heißt die **1. Ableitung von** f.

Schreibweisen:

$$\lim_{x} \frac{f(x^*) - f(x)}{x^* - x} := f'(x).$$

Ist $y = f(x)$ die Funktionsgleichung von f, so schreibt man auch für die 1. Ableitung $f'(x) := \dfrac{dy}{dx} := y'$. Die Ableitung der 1. Ableitung, die 2. Ableitung, wird geschrieben als

$$(f')'(x) := f''(x) := \frac{d^2 y}{dx^2} := y''$$

Differentiationsregeln

Name	Termschreibweise	Differentialschreibweise
Summenregel (Differenzregel)	$(f \pm g)'(x) = f'(x) \pm g'(x)$	mit $u = f(x)$ und $v = g(x)$ $\dfrac{d(u \pm v)}{dx} = \dfrac{du}{dx} \pm \dfrac{dv}{dx}$
s-Multiplikationsregel ($a \in \mathbb{R}$)	$(af)'(x) = a \cdot f'(x)$	$\dfrac{d(a \cdot u)}{dx} = a \cdot \dfrac{du}{dx}$
Produktregel	$(f \cdot g)'(x) = f'(x) g(x) + f(x) g'(x)$	$\dfrac{d(uv)}{dx} = v \dfrac{du}{dx} + u \dfrac{dv}{dx}$
Quotientenregel ($g(x) \neq 0$)	$\left(\dfrac{f}{g}\right)'(x) = \dfrac{f'(x) g(x) - f(x) g'(x)}{g^2(x)}$	$\dfrac{d\left(\dfrac{u}{v}\right)}{dx} = \dfrac{v \dfrac{du}{dx} - u \dfrac{dv}{dx}}{v^2}$
Kettenregel	$(g \circ f)'(x) = (g' \circ f)(x) \cdot f'(x)$	mit $y = g(f(x))$ und $z = f(x)$ $\dfrac{dy}{dx} = \dfrac{dy}{dz} \cdot \dfrac{dz}{dx}$
Umkehrfunktion	$(f^{-1})'(x) = \dfrac{1}{f'(f^{-1}(x))}$	mit $y = f^{-1}(x)$ $(x = f(y))$ $\dfrac{dy}{dx} = \dfrac{1}{\dfrac{dx}{dy}}$

Spezielle Ableitungen

$f(x)$	$f'(x)$	$f(x)$	$f'(x)$	$f(x)$	$f'(x)$	$f(x)$	$f'(x)$
k	0	e^x	e^x	$\sin x$	$\cos x$	$\arcsin x$	$\dfrac{1}{\sqrt{1-x^2}}$
$a \cdot x^n$ ($n \in \mathbb{N}$)	$a n x^{n-1}$	a^x	$a^x \cdot \ln a$	$\cos x$	$-\sin x$	$\arccos x$	$-\dfrac{1}{\sqrt{1-x^2}}$
$a \cdot x^r$ ($r \in \mathbb{R}$)	$a r x^{r-1}$	$\ln x$	$\dfrac{1}{x}$	$\tan x$	$\dfrac{1}{\cos^2 x}$	$\arctan x$	$\dfrac{1}{1+x^2}$
$\sqrt{x}$	$\dfrac{1}{2 \cdot \sqrt{x}}$	$\lg x$	$\dfrac{1}{x} \cdot \lg e$	$\cot x$	$-\dfrac{1}{\sin^2 x}$	$\text{arccot } x$	$-\dfrac{1}{1+x^2}$

Anwendungen der Differentialrechnung
Kurvendiskussion

$f(x) = 0$	Nullstelle bei x
$f'(x) > 0$	Kurve steigt bei x
$f'(x) < 0$	Kurve fällt bei x
$f'(x) = 0$ und $f''(x) < 0$	relatives Maximum bei x
$f'(x) = 0$ und $f''(x) > 0$	relatives Minimum bei x
$f''(x) < 0$	Rechtskurve bei x
$f''(x) > 0$	Linkskurve bei x
$f''(x) = 0$ und $f'''(x) \neq 0$	Wendepunkt bei x

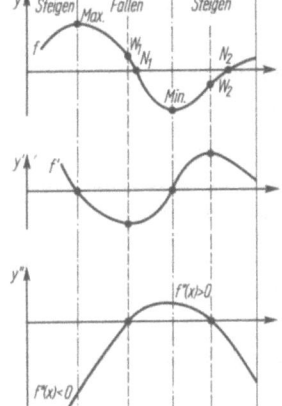

Regel von de l'Hospital

Ist $\lim\limits_{x_0} \dfrac{f(x)}{g(x)}$ nicht nach den Grenzwertsätzen zu bestimmen, weil entweder

$$\lim_{x_0} \frac{f(x)}{g(x)} = \frac{0}{0}\text{“} \quad \text{oder} \quad \lim_{x_0} \frac{f(x)}{g(x)} = \pm \frac{\infty}{\infty}\text{“},$$

existiert jedoch der Bruch $\dfrac{f'(x_0)}{g'(x_0)}$, dann ist $\lim\limits_{x_0} \dfrac{f(x)}{g(x)} = \lim\limits_{x_0} \dfrac{f'(x)}{g'(x)}$.

Differentialgeometrie

Parameterdarstellung einer Kurve: Mit $y = y(t)$ und $x = x(t)$ gilt $\dot{y} = \dfrac{dy}{dt}$ und $\dot{x} = \dfrac{dx}{dt}$ und somit

$$y'(x) = \frac{dy}{dx} = \frac{\dot{y}}{\dot{x}} \qquad y''(x) = \frac{d^2y}{dx^2} = \frac{\dot{x}\ddot{y} - \dot{y}\ddot{x}}{\dot{x}^3}$$

Radius des Krümmungskreises $\qquad \varrho = \dfrac{(1 + y'^2)^{\frac{3}{2}}}{y''}$

Mittelpunkt des Krümmungskreises $\qquad x_M = x - \dfrac{y'(1 + y'^2)}{y''} \qquad y_M = y + \dfrac{1 + y'^2}{y''}$

6.4. Integralrechnung

Definition: Eine Funktion F heißt **Stammfunktion** zu f über $[a, b]$ genau dann, wenn $\bigwedge\limits_{x \in [a,b]} F'(x) = f(x)$.

Es gilt: Ist F^* eine bestimmte Stammfunktion zu f, so ist für jede Stammfunktion F:

$$F(x) = F^*(x) + k \quad \text{mit } k \in \mathbb{R}. \quad k \text{ heißt \textbf{Integrationskonstante}.}$$

Schreibweisen: Menge aller Stammfunktionen zu f (**Unbestimmtes Integral**):

$$\{F \mid F'(x) = f(x), \ x \in [a, b]\} := \int f(t)\, dt$$

Term derjenigen Stammfunktion, die bei a eine Nullstelle hat: $F_a(x) := \int\limits_a^x f(t)\, dt$.

Definition: Eine Funktion f heißt **über** $[a, b]$ **integrierbar** genau dann, wenn der Grenzwert $\lim\limits_{n \to \infty} \sum\limits_{i=0}^{n} f(\xi_i) \cdot (x_{i+1} - x_i)$ unabhängig davon existiert, wie $[a, b]$ in n Teilintervalle $[x_i, x_{i+1}]$ mit für jedes i $\lim\limits_{n \to \infty}(x_{i+1} - x_i) = 0$ zerlegt und wie $\xi_i \in [x_i, x_{i+1}]$ gewählt wurde.

Schreibweise: **Bestimmtes Integral:** $\int\limits_a^b f(t)\, dt := \lim\limits_{n \to \infty} \sum\limits_{i=0}^{n} f(\xi_i) \cdot (x_{i+1} - x_i)$

Hauptsatz: Das bestimmte Integral zu f über $[a, b]$ ist gleich der Differenz der Funktionswerte $F(b)$ und $F(a)$ einer beliebigen Stammfunktion F zu f:

$$F(b) - F(a) = \int\limits_a^b f(t)\, dt.$$

Topologische Strukturen: Integralrechnung

Integrationsregeln		
Summenregel (Differenzregel)	$\int_a^x (f(t) \pm g(t))\, dt$	$= \int_a^x f(t)\, dt \pm \int_a^x g(t)\, dt$
s-Multiplikationsregel	$\int_a^x r \cdot f(t)\, dt$	$= r \cdot \int_a^x f(t)\, dt \qquad (r \in \mathbb{R})$
Partielle Integration (Produktregel)	$\int_a^x f(t) \cdot g'(t)\, dt$	$= f(x) \cdot g(x) - f(a) \cdot g(a) - \int_a^x f'(t) \cdot g(t)\, dt$
Substitutionsregel (Kettenregel)	$\int_a^x f(g(t)) \cdot g'(t)\, dt$	$= \int_{g(a)}^{g(x)} f(u)\, du \qquad (u := g(t))$
Bestimmtes Integral	$\int_a^b f(t)\, dt = -\int_b^a f(t)\, dt = \int_a^c f(t)\, dt + \int_c^b f(t)\, dt$	

Spezielle Integrale (ohne Integrationskonstante)

$f(x)$	$\int f(x)\, dx$	$f(x)$	$\int f(x)\, dx$	$f(x)$	$\int f(x)\, dx$
a	ax	x^n	$\dfrac{1}{n+1} \cdot x^{n+1} \quad (n \neq -1)$	$\dfrac{1}{x}$	$\ln|x|$
$\dfrac{1}{x-a}$	$\ln|x-a|$	$\dfrac{1}{(x-a)\cdot(x-b)}$	$\dfrac{1}{a-b} \cdot \ln\left|\dfrac{x-a}{x-b}\right| \quad (a \neq b)$	$\dfrac{1}{(x-a)^2}$	$-\dfrac{1}{x-a}$
$\dfrac{1}{x^2-a^2}$	$\dfrac{-1}{2a} \cdot \ln\dfrac{x+a}{x-a} \quad \begin{pmatrix} a \neq 0 \\ a^2 < x^2 \end{pmatrix}$	$\dfrac{1}{a^2-x^2}$	$\dfrac{1}{2a} \cdot \ln\dfrac{a+x}{a-x} \quad \begin{pmatrix} a \neq 0 \\ x^2 < a^2 \end{pmatrix}$	$\dfrac{1}{a^2+x^2}$	$\dfrac{1}{a} \cdot \arctan\dfrac{x}{a} \quad (a \neq 0)$
$\sqrt{ax+b}$	$\dfrac{2}{3a} \cdot \sqrt{(ax+b)^3} \quad (a \neq 0)$	$\dfrac{1}{\sqrt{ax+b}}$	$\dfrac{2}{a}\sqrt{ax+b} \quad (a \neq 0)$	$\dfrac{1}{\sqrt{x}}$	$2\sqrt{x}$
$\sqrt{a^2+x^2}$	$\dfrac{x}{2}\sqrt{a^2+x^2} + \dfrac{a^2}{2} \ln(x+\sqrt{a^2+x^2})$	$\dfrac{1}{\sqrt{a^2+x^2}}$	$\ln(x+\sqrt{a^2+x^2})$	$\dfrac{x}{\sqrt{a^2+x^2}}$	$\sqrt{a^2+x^2}$
$\sqrt{a^2-x^2}$	$\dfrac{x}{2}\sqrt{a^2-x^2} + \dfrac{a^2}{2} \arcsin\dfrac{x}{a}$	$\dfrac{1}{\sqrt{a^2-x^2}}$	$\arcsin\dfrac{x}{a}$	$\dfrac{x}{\sqrt{a^2-x^2}}$	$-\sqrt{a^2-x^2}$
$\sqrt{x^2-a^2}$	$\dfrac{x}{2}\sqrt{x^2-a^2} - \dfrac{a^2}{2} \ln|x+\sqrt{x^2-a^2}|$	$\dfrac{1}{\sqrt{x^2-a^2}}$	$\ln|x+\sqrt{x^2-a^2}|$	$\dfrac{x}{\sqrt{x^2-a^2}}$	$\sqrt{x^2-a^2}$
e^x	e^x	$\sin x$	$-\cos x$	$\arcsin x$	$x \cdot \arcsin x + \sqrt{1-x^2}$
a^x	$\dfrac{a^x}{\ln a}$	$\cos x$	$\sin x$	$\arccos x$	$x \cdot \arccos x - \sqrt{1-x^2}$
$\ln x$	$x(\ln x - 1)$	$\tan x$	$-\ln|\cos x|$	$\arctan x$	$x \cdot \arctan x - \dfrac{1}{2} \ln(x^2+1)$
$\lg x$	$\lg e \cdot x(\ln x - 1)$	$\cot x$	$\ln|\sin x|$	$\text{arccot}\, x$	$x \cdot \text{arccot}\, x + \dfrac{1}{2} \ln(x^2+1)$
$\dfrac{1}{\sin x}$	$\ln\left|\tan\dfrac{x}{2}\right|$	$\sin^2 x$	$\dfrac{x}{2} - \dfrac{\sin 2x}{4}$	$\dfrac{1}{\sin^2 x}$	$-\cot x$
$\dfrac{1}{\cos x}$	$\ln\left|\tan\left(\dfrac{\pi}{4}+\dfrac{x}{2}\right)\right|$	$\cos^2 x$	$\dfrac{x}{2} + \dfrac{\sin 2x}{4}$	$\dfrac{1}{\cos^2 x}$	$\tan x$
$\dfrac{1}{1+\sin x}$	$\tan\left(\dfrac{x}{2}-\dfrac{\pi}{4}\right)$	$\tan^2 x$	$-x + \tan x$	$\dfrac{\cos x}{\sin^2 x}$	$-\dfrac{1}{\sin x}$
$\dfrac{1}{1+\cos x}$	$\tan\dfrac{x}{2}$	$\cot^2 x$	$-x - \cot x$	$\dfrac{\sin x}{\cos^2 x}$	$\dfrac{1}{\cos x}$
$\dfrac{1}{1-\sin x}$	$\cot\left(\dfrac{x}{2}-\dfrac{\pi}{4}\right)$	$\sin x \cdot \cos x$	$\dfrac{1}{2}\sin^2 x$	$\dfrac{1}{\sin x \cdot \cos x}$	$\ln|\tan x|$
$\dfrac{1}{1-\cos x}$	$-\cot\dfrac{x}{2}$	$e^{ax} \cdot \sin bx$	$\dfrac{e^{ax}}{a^2+b^2} \cdot (a \cdot \sin bx - b \cdot \cos bx)$	$e^{ax} \cdot \cos bx$	$\dfrac{e^{ax}}{a^2+b^2} \cdot (a \cdot \cos bx + b \cdot \sin bx)$

Topologische Strukturen: Integralrechnung

Differentialgleichung	Lösung mit Integrationskonstanten c_i	Bezeichnung
$f'(x) = a$ (konstant)	$f(x) = ax + c_1$	lineares Wachstum
$f'(x) = a \cdot f(x)$	$f(x) = c_1 \cdot e^{ax}$	exponentielles Wachstum
$f'(x) = a(b - f(x))$	$f(x) = c_1 e^{-ax} + b$	gebremstes Wachstum
$f'(x) = a \cdot f(x) - b \cdot f^2(x),\ b>0$	$f(x) = \dfrac{c_1 \cdot a}{c_1 \cdot b + (a - c_1 b)\, e^{-ax}}$	logistisches Wachstum
$f'(x) = \dfrac{a}{x} \cdot f(x),\ x>0$	$f(x) = c_1 \cdot x^a$	allometrisches Wachstum
$f'(x) = a \cdot f^2(x),\ a>0$	$f(x) = \dfrac{c_1}{1 - c_1 \cdot a \cdot x}$	hyperbolisches Wachstum
$f''(x) = a$	$f(x) = \dfrac{1}{2} ax^2 + c_1 x + c_2$	
$f''(x) = a^2 \cdot f(x)$	$f(x) = c_1 e^{ax} + c_2 e^{-ax}$	
$f''(x) + a^2 \cdot f(x) = 0$	$f(x) = c_1 \cdot \sin(ax + c_2)$	harmonische Schwingung
$f''(x) + a^2 \cdot f(x) + 2b f'(x) = 0$ mit $b^2 < a^2$	$f(x) = c_1 \cdot e^{-bx} \cdot \sin(\omega x + c_2),\ \omega = \sqrt{a^2 - b^2}$	gedämpfte harmonische Schwingung
$b^2 = a^2$	$f(x) = e^{-bx} \cdot (c_1 + c_2 \cdot x)$	aperiodischer Grenzfall
$b^2 > a^2$	$f(x) = c_1 \cdot e^{\alpha x} + c_2 \cdot e^{\beta x}$, $\alpha = -b + \sqrt{b^2 - a^2}$, $\beta = -b - \sqrt{b^2 - a^2}$	aperiodischer Kriechfall
$f''(x) + af(x) = b \cdot \sin(\omega x)$	$f(x) = \dfrac{b}{a^2 - \omega^2} \sin(\omega x) + c_1 \sin(ax) + c_2 \cdot \cos(ax)$	erzwungene harmonische Schwingung

Anwendungen der Integralrechnung

Ebene Flächen (Orientierung beachten!)

Inhalt des Ebenenstücks zwischen der Kurve zu f und der x-Achse über dem Intervall $[x_1, x_2]$: $A_{x_1}^{x_2} := \int_{x_1}^{x_2} f(x)\, dx$

Inhalt des Ebenenstücks zwischen den Kurven zu f und g über dem Intervall $[x_1, x_2]$: $A = \int_{x_1}^{x_2} (f(x) - g(x))\, dx$

Bogenlänge in der Ebene

$L = \int_{x_1}^{x_2} \sqrt{1 + y'^2}\, dx$; für Parameterdarstellung: $L = \int_{t_1}^{t_2} \sqrt{\dot{x}^2 + \dot{y}^2}\, dt$

Rotationskörper

bei Rotation um die x-Achse: Volumen $V_x = \pi \int_{x_1}^{x_2} y^2\, dx$, Mantel $M_x = 2\pi \int_{x_1}^{x_2} y \sqrt{1 + y'^2}\, dx$

bei Rotation um die y-Achse: Volumen $V_y = \pi \int_{y_1}^{y_2} x^2\, dy = \pi \int_{x_1}^{x_2} x^2 y'\, dx$

Guldins Regel für Drehkörper s. 7.2 auf S. 26

Trapez-, Simpsonregel s. 9.4 auf S. 42/43

Topologische Strukturen: Unendliche Reihen

6.5. Unendliche Reihen

Mac-Laurinsche Reihe

$$f(x) = f(0) + \frac{x}{1}f'(0) + \frac{x^2}{1 \cdot 2}f''(0) + \frac{x^3}{1 \cdot 2 \cdot 3}f'''(0) + \cdots + \frac{x^{n-1}}{(n-1)!}f^{(n-1)}(0) + R_n,$$

wobei $R_n = \frac{x^n}{n!}f^{(n)}(\vartheta x) \quad 0 < \vartheta < 1 \quad (n!\text{ vgl. S. 31})$

Taylorsche Reihe

$$f(x_0 + h) = f(x_0) + hf'(x_0) + \frac{h^2}{1 \cdot 2}f''(x_0) + \cdots + \frac{h^{n-1}}{(n-1)!}f^{(n-1)}(x_0) + R_n^*,$$

wobei $R_n^* = \frac{h^n}{n!}f^{(n)}(x_0 + \vartheta h) \quad 0 < \vartheta < 1$

Geometrische Reihe

$$\frac{a}{1-x} = a(1 + x + x^2 + x^3 + \ldots) \qquad (|x| < 1)$$

Binomische Reihe

$$(1 \pm x)^n = 1 \pm \frac{n}{1}x + \frac{n(n-1)}{1 \cdot 2}x^2 \pm \cdots + (\pm 1)^k \binom{n}{k} x^k + \cdots \qquad (n \in \mathbb{R},\ |x| < 1)$$

Allgemein: $(a + x)^n = a^n \left(1 + \frac{x}{a}\right)^n \qquad |x| < |a| \qquad \left(\binom{n}{k}\text{vgl. S. 31}\right)$

Exponential-, logarithmische, trigonometrische Reihen

$$e^x = 1 + \frac{x}{1!} + \frac{x^2}{2!} + \frac{x^3}{3!} + \frac{x^4}{4!} + \frac{x^5}{5!} + \frac{x^6}{6!} + \cdots \qquad e = 1 + 1 + \frac{1}{2!} + \frac{1}{3!} + \cdots$$

$$a^x = e^{x \ln a} = 1 + \frac{x \ln a}{1!} + \frac{(x \ln a)^2}{2!} + \frac{(x \ln a)^3}{3!} + \frac{(x \ln a)^4}{4!} + \frac{(x \ln a)^5}{5!} + \cdots \qquad (a > 0)$$

$$\ln(1 + x) = \frac{x}{1} - \frac{x^2}{2} + \frac{x^3}{3} - \frac{x^4}{4} + \frac{x^5}{5} - \frac{x^6}{6} \pm \cdots \qquad -1 < x \leq +1 \qquad \lg x = M \ln x \quad M \approx 0{,}43429$$

$$\frac{1}{2}\ln\frac{1+x}{1-x} = x + \frac{x^3}{3} + \frac{x^5}{5} + \frac{x^7}{7} + \frac{x^9}{9} + \cdots \qquad |x| < 1 \qquad \ln 2 = 1 - \frac{1}{2} + \frac{1}{3} - \frac{1}{4} \pm \cdots$$

$$\sin x = x - \frac{x^3}{3!} + \frac{x^5}{5!} - \frac{x^7}{7!} + \frac{x^9}{9!} - \frac{x^{11}}{11!} \pm \cdots \qquad \cos x = 1 - \frac{x^2}{2!} + \frac{x^4}{4!} - \frac{x^6}{6!} + \frac{x^8}{8!} - \frac{x^{10}}{10!} \pm \cdots$$

$$\arcsin x = x + \frac{x^3}{2 \cdot 3} + \frac{1 \cdot 3 \cdot x^5}{2 \cdot 4 \cdot 5} + \frac{1 \cdot 3 \cdot 5 \cdot x^7}{2 \cdot 4 \cdot 6 \cdot 7} + \frac{1 \cdot 3 \cdot 5 \cdot 7 \cdot x^9}{2 \cdot 4 \cdot 6 \cdot 8 \cdot 9} + \frac{1 \cdot 3 \cdot 5 \cdot 7 \cdot 9 \cdot x^{11}}{2 \cdot 4 \cdot 6 \cdot 8 \cdot 10 \cdot 11} + \cdots \qquad |x| < 1$$

$$\arctan x = x - \frac{x^3}{3} + \frac{x^5}{5} - \frac{x^7}{7} + \frac{x^9}{9} - \frac{x^{11}}{11} \pm \cdots \qquad |x| \leq 1$$

$$\arctan 1 = \frac{\pi}{4} = 1 - \frac{1}{3} + \frac{1}{5} - \frac{1}{7} + \frac{1}{9} - \frac{1}{11} \pm \cdots \qquad \text{(Leibniz)}$$

$$\frac{\pi}{4} = 4\left(\frac{1}{5} - \frac{1}{3 \cdot 5^3} + \frac{1}{5 \cdot 5^5} - \cdots\right) - \left(\frac{1}{239} - \frac{1}{3 \cdot 239^3} + \frac{1}{5 \cdot 239^5} - \cdots\right)$$

7. Geometrie
7.1. Ebene Geometrie

Flächeninhalt A Umfang u

Rechtwinkliges Dreieck

$a^2 + b^2 = c^2$ $h^2 = p\,q$
(Satz des Pythagoras)   (Höhensatz)
$a^2 = c\,p, \quad b^2 = c\,q$
(Kathetensatz)

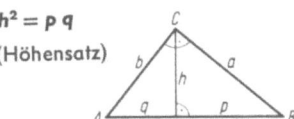

Gleichseitiges Dreieck

$A = \dfrac{a^2}{4}\sqrt{3}$ $h = \dfrac{a}{2}\sqrt{3}$

$r = \dfrac{a}{3}\sqrt{3}$ $\varrho = \dfrac{a}{6}\sqrt{3}$

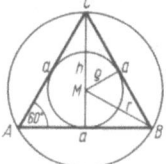

Dreieck (allgemein)

$A = \dfrac{g\,h}{2} = \sqrt{s(s-a)(s-b)(s-c)}$

$ = \varrho\,s$

$s := \dfrac{a+b+c}{2} = \dfrac{u}{2}$

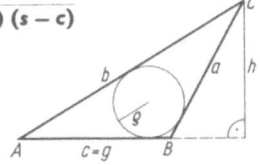

Quadrat

$A = a^2$ $d = a\sqrt{2}$

$r = \dfrac{a}{2}\sqrt{2}$ $\varrho = \dfrac{a}{2}$

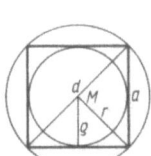

Parallelogramm

$A = g\,h = g \cdot d \cdot \sin\alpha$

$h = d \cdot \sin\alpha$

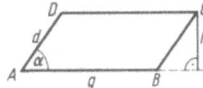

Trapez

$A = \dfrac{a+c}{2} \cdot h = m\,h$

$m = \dfrac{a+c}{2}$

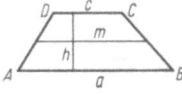

Harmonische Teilung

Die Strecke $\overline{AB}$ wird genau dann durch die Punkte P und Q harmonisch geteilt, wenn für die Streckenlängen AP, PB usw. gilt:

$AP : PB = AQ : QB = k$

$\dfrac{1}{AB} = \dfrac{1}{2}\left(\dfrac{1}{AP} + \dfrac{1}{AQ}\right)$

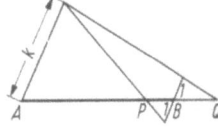

Stetige Teilung

Die Strecke $\overline{AB}$ der Länge r wird genau dann durch T stetig geteilt, wenn für die Teilstreckenlängen s und $(r-s)$ gilt:

$r : s = s : (r-s)$

$s = \dfrac{r}{2}(\sqrt{5} - 1)$

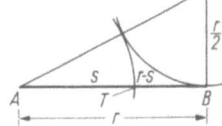

Kreis

$A = \pi r^2$ $u = 2\pi r$

Bogen

$b = 2\pi r\,\dfrac{\alpha°}{360°} = \alpha\,r$

mit $\alpha = \dfrac{2\pi}{360°}\,\alpha°$

(α: Bogenmaß, Radiant)

Ausschnitt

$A = \pi r^2\,\dfrac{\alpha°}{360°} = \dfrac{\alpha\,r^2}{2}$ $\left(\dfrac{2\pi}{360} \approx 0{,}01745\right)$

Abschnitt

$A = \left(\dfrac{\pi\alpha°}{180°} - \sin\alpha°\right)\dfrac{r^2}{2} = (\alpha - \sin\alpha)\dfrac{r^2}{2}$

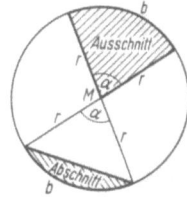

Ellipse

$A = \pi\,a\,b$

$u \approx \pi(a+b) \approx \pi\sqrt{2(a^2+b^2)}$

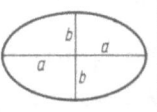

Geometrie: Stereometrie

7.2. Stereometrie

| Volumen V | Oberfläche A | Länge der Raumdiagonale e | Mantelfläche M |

Quader

$V = a\,b\,c$
$A = 2(ab + ac + bc)$
$e = \sqrt{a^2 + b^2 + c^2}$

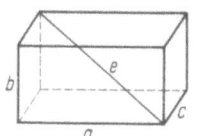

Kugel

$V = \dfrac{4}{3}\pi r^3$
$A = 4\pi r^2$

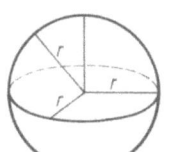

Würfel

$V = a^3$
$A = 6a^2$
$e = a\sqrt{3}$

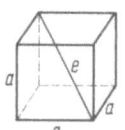

Kugelabschnitt

$V = \dfrac{\pi}{3} h^2 (3r - h)$
$A = 2\pi r h$ (Kappe)

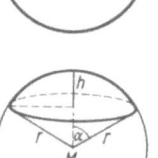

Prisma

$V = G\,h$

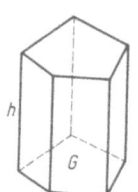

Kugelausschnitt

$V = \dfrac{2\pi}{3} r^2 h$

Kugelschicht

$V = \dfrac{\pi h}{6}(3\varrho_1^2 + 3\varrho_2^2 + h^2)$

$A = 2\pi r h$ (Zone)

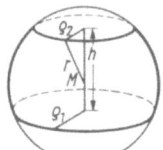

Zylinder

$V = \pi r^2 h$
$M = 2\pi r h$

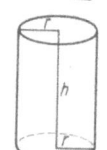

Drehparaboloid

$V = \dfrac{\pi}{2} r^2 h$

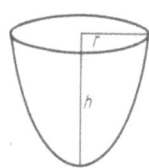

Pyramide

$V = \dfrac{1}{3} G\,h$

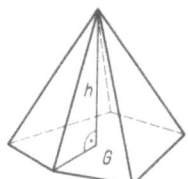

Ellipsoid

$V = \dfrac{4\pi}{3} a\,b\,c$

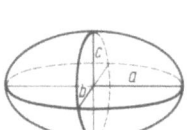

Kegel

$V = \dfrac{\pi}{3} r^2 h$
$M = \pi r s$

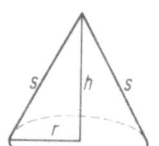

Torus

$V = 2\pi^2 r \varrho^2$
$A = 4\pi^2 r \varrho$

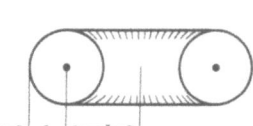

Pyramidenstumpf

$V = \dfrac{h}{3}(G_1 + \sqrt{G_1 G_2} + G_2)$

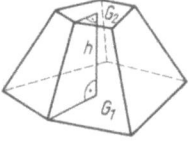

Guldins Regel für Drehkörper

Volumen = erzeugende Fläche mal
           Weg des Schwerpunkts der Fläche

Mantelfläche = Länge der erzeugenden Linie mal
           Weg des Schwerpunkts dieser Linie

Kegelstumpf

$V = \dfrac{\pi h}{3}(r_1^2 + r_1 r_2 + r_2^2)$
$M = \pi s (r_1 + r_2)$

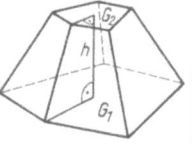

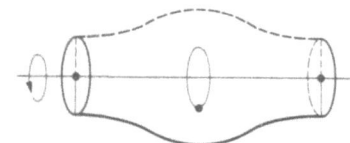

7.3. Ebene Trigonometrie

Beziehungen zwischen den Winkelfunktionen

$\sin^2\alpha + \cos^2\alpha = 1 \qquad \tan\alpha \cdot \cot\alpha = 1$

$\tan\alpha = \dfrac{\sin\alpha}{\cos\alpha} \qquad \cot\alpha = \dfrac{\cos\alpha}{\sin\alpha}$

$1 + \tan^2\alpha = \dfrac{1}{\cos^2\alpha} \qquad m := \tan\alpha$

$\sin\alpha = \dfrac{m}{\pm\sqrt{1+m^2}}$

$\cos\alpha = \dfrac{1}{\pm\sqrt{1+m^2}}$

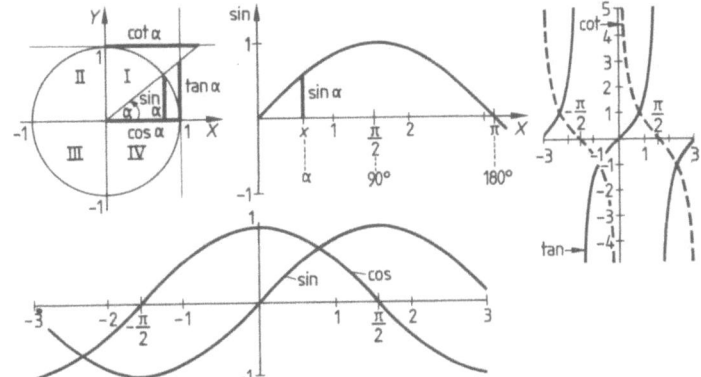

Besondere Werte, Vorzeichen

	$R \pm \alpha$	$2R \pm \alpha$	$(-\alpha)$			0	$\dfrac{\pi}{6}$	$\dfrac{\pi}{4}$	$\dfrac{\pi}{3}$	$\dfrac{\pi}{2}$		Quadrant I	II	III	IV
						0°	30°	45°	60°	90°					
sin	$+\cos\alpha$	$\mp\sin\alpha$	$-\sin\alpha$	sin		0	$\dfrac{1}{2}$	$\dfrac{1}{2}\sqrt{2}$	$\dfrac{1}{2}\sqrt{3}$	1	sin	+	+	−	−
cos	$\mp\sin\alpha$	$-\cos\alpha$	$+\cos\alpha$	cos		1	$\dfrac{1}{2}\sqrt{3}$	$\dfrac{1}{2}\sqrt{2}$	$\dfrac{1}{2}$	0	cos	+	−	−	+
tan	$\mp\cot\alpha$	$\pm\tan\alpha$	$-\tan\alpha$	tan		0	$\dfrac{1}{3}\sqrt{3}$	1	$\sqrt{3}$	−	tan	+	−	+	−
cot	$\mp\tan\alpha$	$\pm\cot\alpha$	$-\cot\alpha$	cot		−	$\sqrt{3}$	1	$\dfrac{1}{3}\sqrt{3}$	0	cot	+	−	+	−

Additionssätze

$\sin(\alpha \pm \beta) = \sin\alpha\cos\beta \pm \cos\alpha\sin\beta$

$\cos(\alpha \pm \beta) = \cos\alpha\cos\beta \mp \sin\alpha\sin\beta$

$\tan(\alpha \pm \beta) = \dfrac{\tan\alpha \pm \tan\beta}{1 \mp \tan\alpha\tan\beta}$

$\sin\alpha \pm \sin\beta = 2\sin\dfrac{\alpha \pm \beta}{2}\cos\dfrac{\alpha \mp \beta}{2}$

$\cos\alpha + \cos\beta = 2\cos\dfrac{\alpha+\beta}{2}\cos\dfrac{\alpha-\beta}{2}$

$\sin 2\alpha = 2\sin\alpha\cos\alpha = \dfrac{2\tan\alpha}{1+\tan^2\alpha}$

$\cos 2\alpha = \cos^2\alpha - \sin^2\alpha = 1 - 2\sin^2\alpha$
$= 2\cos^2\alpha - 1 = \dfrac{1-\tan^2\alpha}{1+\tan^2\alpha}$

$\tan 2\alpha = \dfrac{2\tan\alpha}{1-\tan^2\alpha}$

$1 + \cos\alpha = 2\cos^2\dfrac{\alpha}{2}$

$\cos\alpha - \cos\beta = -2\sin\dfrac{\alpha+\beta}{2}\sin\dfrac{\alpha-\beta}{2}$

$\sin 3\alpha = 3\sin\alpha - 4\sin^3\alpha$

$\cos 3\alpha = 4\cos^3\alpha - 3\cos\alpha$

$\tan 3\alpha = \dfrac{3\tan\alpha - \tan^3\alpha}{1 - 3\tan^2\alpha}$

$1 - \cos\alpha = 2\sin^2\dfrac{\alpha}{2}$

Dreiecksberechnung (vgl. auch 7.1)

Sinussatz

$\dfrac{a}{\sin\alpha} = \dfrac{b}{\sin\beta} = \dfrac{c}{\sin\gamma} = 2r$

(r: Umkreisradius)

Halbwinkelsatz

$\tan\dfrac{\alpha}{2} = \sqrt{\dfrac{(s-b)(s-c)}{s(s-a)}} = \dfrac{\varrho}{s-a}$

Kosinussatz

$a^2 = b^2 + c^2 - 2bc\cos\alpha$
$b^2 = c^2 + a^2 - 2ca\cos\beta$
$c^2 = a^2 + b^2 - 2ab\cos\gamma$

$\varrho = \sqrt{\dfrac{(s-a)(s-b)(s-c)}{s}}$

Tangenssatz

$\dfrac{\tan\dfrac{\alpha-\beta}{2}}{\tan\dfrac{\alpha+\beta}{2}} = \dfrac{a-b}{a+b}$

Dreiecksfläche

$A = \dfrac{1}{2}ab\sin\gamma = \varrho s = \dfrac{abc}{4r}$

Statistik, Kombinatorik, Stochastik

7.4. Sphärische Trigonometrie

Rechtwinkliges Dreieck ($\gamma = 90°$)

Nepersche Regel   Der Kosinus eines Stückes ist gleich
a) dem Produkt der Kotangenten der benachbarten Stücke,
b) dem Produkt der Sinus der gegenüberliegenden Stücke,
wenn man die Katheten a, b durch $90° - a$, $90° - b$ ersetzt.

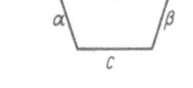

$\gamma = 90°$ $\cos c = \cos a \cos b = \cot \alpha \cot \beta$ $\cos \alpha = \cos a \sin \beta = \tan b \cot c$ $\sin \alpha = \sin a : \sin c$;
$\tan \alpha = \tan a : \sin b$

Allgemeines Dreieck

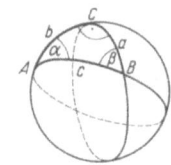

Sinussatz	$\sin a : \sin b = \sin \alpha : \sin \beta$
Seitenkosinussatz	$\cos a = \cos b \cos c + \sin b \sin c \cos \alpha$
Winkelkosinussatz	$\cos \alpha = -\cos \beta \cos \gamma + \sin \beta \sin \gamma \cos a$
Kugelzweieck	$A = \dfrac{\alpha°}{180°} \cdot 2\pi r^2 = 2\alpha r^2$
Kugeldreieck	$A = (\alpha° + \beta° + \gamma° - 180°) \dfrac{\pi r^2}{180°} = (\alpha + \beta + \gamma - \pi) r^2$
Halbwinkelsätze	$s := \dfrac{a+b+c}{2}$ $\tan \dfrac{\alpha}{2} = \sqrt{\dfrac{\sin(s-b)\,\sin(s-c)}{\sin s\,\sin(s-a)}}$
	$\sigma := \dfrac{\alpha + \beta + \gamma}{2}$ $\tan \dfrac{a}{2} = \sqrt{-\dfrac{\cos \sigma\,\cos(\sigma - \alpha)}{\cos(\sigma - \beta)\,\cos(\sigma - \gamma)}}$

8. Statistik, Kombinatorik, Stochastik
8.1. Beschreibende Statistik

8.1.1. Meßreihen (Stichproben) bzgl. eines Merkmals

Gegeben: n Meßwerte $x_1, x_2, \ldots, x_j, \ldots, x_n$

Bearbeitung ohne Klasseneinteilung

Ordnen: $x_{(1)} \leq x_{(2)} \leq \cdots \leq x_{(j)} \leq \cdots \leq x_{(n)}$

Empirische (kumulative) Verteilungsfunktion F

$$F(x) := \begin{cases} 0 & x < x_{(1)} \\ \dfrac{j}{n} & \text{für } x_{(j)} \leq x < x_{(j+1)} \\ 1 & x \geq x_{(n)} \end{cases}$$

Mittelwerte

Median (Zentralwert)

$$x_M := \begin{cases} x_{\left(\frac{n}{2} + \frac{1}{2}\right)} & \text{falls } n \text{ ungerade} \\ \dfrac{1}{2}\left(x_{\left(\frac{n}{2}\right)} + x_{\left(\frac{n}{2}+1\right)}\right) & \text{falls } n \text{ gerade} \end{cases}$$

Arithmetisches Mittel $\bar{x} := \dfrac{1}{n}(x_1 + x_2 + \cdots + x_n)$ **Quadratisches Mittel** $x_Q := \sqrt{\dfrac{1}{n}(x_1^2 + x_2^2 + \cdots + x_n^2)}$

Geometrisches Mittel $x_G := \sqrt[n]{x_1 \cdot x_2 \cdots x_n}$ **Harmonisches Mittel** $x_H := \dfrac{n}{\dfrac{1}{x_1} + \dfrac{1}{x_2} + \cdots + \dfrac{1}{x_n}}$

Streuungsmaße

Empirische Varianz $s^2 := \dfrac{1}{n}\sum_{i=1}^{n}(\bar{x} - x_i)^2 = \dfrac{1}{n}\sum_{i=1}^{n} x_i^2 - \bar{x}^2$

Empirische Standardabweichung $s := \sqrt{\dfrac{1}{n}\sum_{i=1}^{n}(\bar{x} - x_i)^2}$

Statistik, Kombinatorik, Stochastik

Beispiel: Körpergewicht (in kg) von $n = 11$ Personen:

i	1	2	3	4	5	6	7	8	9	10	11
x_i	72	69	83	76	79	69	68	72	73	74	65
j	1	2	3	4	5	6	7	8	9	10	11
$x_{(j)}$	65	68	69	69	72	72	73	74	76	79	83

$x_M = x_{(6)} = 72;$ $\bar{x} = 72{,}7;$ $x_Q = 72{,}9;$ $x_G = 72{,}6;$ $x_H = 72{,}4.$

Ist $\bar{x}_S := 72$ geschätzt, so ist $\bar{x} = \bar{x}_S + \frac{1}{n} \sum_{i=1}^{n} (\bar{x}_S - x_i) = 72 + \frac{1}{11} \cdot 8 = 72{,}7$ (Kopfrechnen!)

$s^2 = 26{,}8;$ $s = 5{,}2.$

Bearbeitung mit Klasseneinteilung

Der Bereich, in den die Meßwerte fallen, wird in k Klassen $K_1, K_2, \ldots, K_k$ eingeteilt; X_i sei die Klassenmitte von K_i, n_i sei die Anzahl der Meßwerte, die in K_i zu liegen kommen; $n_1 + n_2 + \cdots + n_k = n$.

Ordnung: $X_1 < X_2 < \ldots < X_k$

Empirische Verteilungsfunktion f
$$f(x) := \begin{cases} \frac{n_i}{n} & \text{falls } x \in K_i \\ 0 & \text{sonst} \end{cases}$$

Empirische (kumulative) Verteilungsfunktion F
$$F(x) := \begin{cases} 0 & x < X_1 \\ \sum_{i=1}^{j} \frac{n_i}{n} & \text{für } X_j \leq x < X_{j+1} \\ 1 & x \geq X_k \end{cases}$$

Mittelwerte

Arithmetisches Mittel $\bar{X} := \frac{1}{n}(n_1 X_1 + n_2 X_2 + \cdots + n_k X_k)$

Geometrisches Mittel $X_G := \sqrt[n]{X_1^{n_1} \cdot X_2^{n_2} \cdot \ldots \cdot X_k^{n_k}}$ **Harmonisches Mittel** $X_H := \dfrac{n}{\frac{n_1}{X_1} + \frac{n_2}{X_2} + \cdots + \frac{n_k}{X_k}}$

Streuungsmaße

Empirische Varianz $S^2 := \frac{1}{n} \sum_{i=1}^{k} n_i (\bar{X} - X_i)^2 = \frac{1}{n} \sum_{i=1}^{k} n_i X_i^2 - \bar{X}^2$

Empirische Standardabweichung $S := \sqrt{\frac{1}{n} \sum_{i=1}^{k} n_i (\bar{X} - X_i)^2}$

Beispiel

$K_1 := [64{,}5; 69{,}5[;$ $K_2 := [69{,}5; 74{,}5[;$ $K_3 := [74{,}5; 79{,}5[;$ $K_4 := [79{,}5; 84{,}5[$

i	1	2	3	4
X_i	67	72	77	82
n_i	4	4	2	1

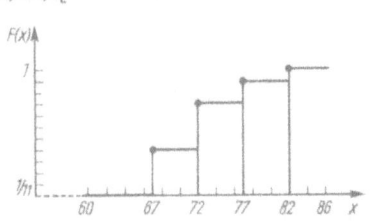

$\bar{X} = 72{,}0;$ $X_G = 71{,}8;$ $X_H = 71{,}7.$

Ist $\bar{X}_S := 72$ geschätzt, so ist $\bar{X} = \bar{X}_S + \frac{1}{n} \sum_{i=1}^{k} n_i (\bar{X}_S - X_i) = 72 + \frac{1}{11} \cdot 0 = 72$ (Kopfrechnen!)

$S^2 = 22{,}7;$ $S = 4{,}8.$

Statistik, Kombinatorik, Stochastik

8.1.2. Meßreihen (Stichproben) bzgl. zweier Merkmale

Gegeben: n Meßwertepaare $(x_1, y_1), (x_2, y_2), \ldots, (x_n, y_n)$.

Arithmetische Mittel

$$\bar{x} = \frac{1}{n} \sum_{i=1}^{n} x_i, \qquad \bar{y} = \frac{1}{n} \sum_{i=1}^{n} y_i$$

Regressionsgerade von y auf x heißt die Gerade mit der Gleichung

$$y - \bar{y} = m(x - \bar{x})$$

oder $\quad y = mx + a \quad$ mit $\quad a = \bar{y} - m\bar{x}$,

für die $\sum_{i=1}^{n}(y_i - (mx_i + a))^2$ ein **Minimum** wird. Es ist

$$m = \frac{\sum_{1}^{n}(x_i - \bar{x})(y_i - \bar{y})}{\sum_{1}^{n}(x_i - \bar{x})^2} = \frac{\sum_{1}^{n} x_i y_i - n\bar{x}\bar{y}}{\sum_{1}^{n} x_i^2 - n\bar{x}^2}.$$

m heißt der **Regressionskoeffizient** der Variablen y bezüglich der Variablen x.

Regressionsgerade von x auf y heißt entsprechend die Gerade mit der Gleichung

$$x = m^* y + a^* \quad \text{mit} \quad a^* = \bar{x} - m^* \bar{y}$$

und $\quad m^* = \dfrac{\sum_{1}^{n}(x_i - \bar{x})(y_i - \bar{y})}{\sum_{1}^{n}(y_i - \bar{y})^2} = \dfrac{\sum_{1}^{n} x_i y_i - n\bar{x}\bar{y}}{\sum_{1}^{n} y_i^2 - n\bar{y}^2}$

Korrelationen

Maßkorrelation

$$r = \frac{\sum_{1}^{n}(x_i - \bar{x})(y_i - \bar{y})}{\sqrt{\sum_{1}^{n}(x_i - \bar{x})^2 \sum_{1}^{n}(y_i - \bar{y})^2}} \quad \text{mit} \quad -1 \leq r \leq +1.$$

r heißt der **Maßkorrelationskoeffizient** zwischen den Variablen y und x.

Rangkorrelation: N Merkmalspaaren A_i, B_i werden Paare von Rangzahlen (k_i, l_i) mit $k_i, l_i \in \{1, 2, 3, \ldots N\}$ zugeordnet $(k_i \neq k_j, l_i \neq l_j \text{ für } i \neq j)$.

$$R = 1 - \frac{6 \sum_{1}^{N}(k_i - l_i)^2}{N \cdot (N^2 - 1)} \quad \text{mit} \quad -1 \leq R \leq +1.$$

R heißt der **Rangkorrelationskoeffizient**.

Beispiel

1. $\begin{array}{c|cccccc} k & 1 & 2 & 3 & 4 & 5 & 6 \\ \hline l & 2 & 1 & 5 & 4 & 3 & 6 \end{array}$ $R = 0{,}71$

2. $\begin{array}{c|cccccc} k & 1 & 2 & 3 & 4 & 5 & 6 \\ \hline l & 6 & 5 & 4 & 3 & 2 & 1 \end{array}$ $R = -1$ („gegenläufige Anordnung")

3. $\begin{array}{c|cccccc} k & 1 & 2 & 3 & 4 & 5 & 6 \\ \hline l & 1 & 2 & 3 & 4 & 5 & 6 \end{array}$ $R = +1$ („gleichläufige Anordnung")

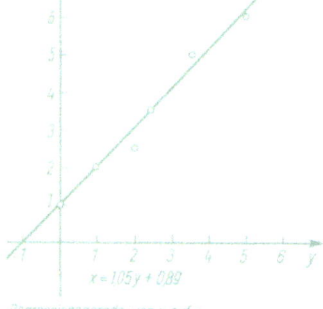

Beispiele

8.2. Kombinatorik

Permutationen ohne Wiederholung: Anzahl aller möglichen Anordnungen von n verschiedenen Elementen =
$$P_n = n! := 1 \cdot 2 \cdot 3 \cdot \ldots \cdot n; \quad 0! := 1; \quad 1! := 1$$
Für große n gilt $\quad n! \approx n^n \cdot e^{-n} \cdot \sqrt{2\pi n} \quad$ (Stirlingsche Formel).

Beispiel: Aus einer Urne mit $n=3$ Kugeln a, b, c werden alle **ohne Zurücklegen** gezogen; die **Anordnung** (Reihenfolge) wird beachtet. Es gibt $3! = 6$ Ergebnisse: $(a\,b\,c)$, $(a\,c\,b)$, $(b\,a\,c)$, $(b\,c\,a)$, $(c\,a\,b)$, $(c\,b\,a)$.
$10! = 3628800$; $10^{10} \cdot e^{-10} \cdot \sqrt{2\pi \cdot 10} \approx 3598696$. $\qquad 30! \approx 2{,}6525 \cdot 10^{32}$; $30^{30} \cdot e^{-30} \cdot \sqrt{2\pi \cdot 30} \approx 2{,}6452 \cdot 10^{32}$.

Permutationen mit Wiederholung: Anzahl aller möglichen Anordnungen von n Elementen, von denen je n_1, $n_2, \ldots, n_k$ ($n_1 + n_2 + \cdots + n_k = n$) untereinander **gleich** sind = Anzahl aller Möglichkeiten, n Elemente auf k Kästen $K_1, K_2, \ldots, K_k$ so zu verteilen, daß n_i Elemente in Kasten K_i zu liegen kommen
$$P_{n,k} = \frac{n!}{n_1! \, n_2! \, \ldots \, n_k!}$$

Beispiel: Aus einer Urne mit $n_1 = 2$ roten und $n_2 = 3$ blauen Kugeln r_1, r_2, b_1, b_2, b_3 ($n = n_1 + n_2 = 5$) werden alle **ohne Zurücklegen** gezogen; die **wesentliche Anordnung** wird beachtet (d. h. $(r_1\,r_2\,b_1\,b_2\,b_3)$ wird von $(r_2\,r_1\,b_3\,b_1\,b_2)$ nicht unterschieden). Es gibt $\frac{5!}{2! \, 3!} = 10$ Ergebnisse: $(r_1\,r_2\,b_1\,b_2\,b_3)$, $(r_1\,b_1\,r_2\,b_2\,b_3)$, $(r_1\,b_1\,b_2\,r_2\,b_3)$, $(r_1\,b_1\,b_2\,b_3\,r_2)$, $(b_1\,r_1\,b_2\,b_3\,r_2)$, $(b_1\,b_2\,r_1\,b_3\,r_2)$, $(b_1\,b_2\,b_3\,r_1\,r_2)$, $(b_1\,r_1\,b_2\,r_2\,b_3)$, $(b_1\,r_1\,r_2\,b_2\,b_3)$, $(b_1\,b_2\,r_1\,r_2\,b_3)$.

Variationen ohne Wiederholung: Anzahl aller möglichen Anordnungen von k verschiedenen Elementen, die aus n verschiedenen Elementen gewählt werden = Anzahl aller geordneten Stichproben vom Umfang k aus n Elementen
$$V_{n,k} = n \cdot (n-1) \cdot \ldots \cdot (n-k+1) = \frac{n!}{(n-k)!}$$

Beispiel: Aus einer Urne mit $n=3$ Kugeln a, b, c werden $k=2$ **ohne Zurücklegen** gezogen; die **Anordnung** (Reihenfolge) wird beachtet. Es gibt $\frac{3!}{(3-2)!} = 6$ Ergebnisse: $(a\,b)$, $(b\,a)$, $(a\,c)$, $(c\,a)$, $(b\,c)$, $(c\,b)$.

Variationen mit Wiederholung: Anzahl aller k-Tupel aus n verschiedenen Elementen
$$\bar{V}_{n,k} = n^k$$

Beispiel: Wie vorstehend, jedoch **mit Zurücklegen**; die **Anordnung** (Reihenfolge) wird beachtet. Es gibt $3^2 = 9$ Ergebnisse: $(a\,a)$, $(a\,b)$, $(a\,c)$, $(b\,a)$, $(b\,b)$, $(b\,c)$, $(c\,a)$, $(c\,b)$, $(c\,c)$.

Kombinationen ohne Wiederholung: Anzahl der k-elementigen Teilmengen einer n-elementigen Menge
$$K_{n,k} = \binom{n}{k} := \frac{n \cdot (n-1) \cdot \ldots \cdot (n-k+1)}{k!}$$

Beispiel: Aus einer Urne mit $n=3$ Kugeln a, b, c werden $k=2$ **ohne Zurücklegen** gezogen. Es gibt $\binom{3}{2} = \frac{3 \cdot 2}{1 \cdot 2} = 3$ Ergebnisse: $\{a, b\}$, $\{a, c\}$, $\{b, c\}$.

Kombination mit Wiederholung: Anzahl der Kombinationen von k Elementen aus n Elementen, wobei auch jedes Element 2, 3, ..., k-fach mit sich selbst kombiniert werden darf = Anzahl aller Möglichkeiten, k ununterscheidbare Elemente auf n Kästchen zu verteilen
$$\bar{K}_{n,k} = \frac{(n+k-1) \cdot (n+k-2) \cdot \ldots \cdot (n+1) \cdot n}{k!} = \binom{n+k-1}{k}$$

Beispiel: Wie vorstehend, jedoch **mit Zurücklegen**. Es gibt $\binom{4}{2} = \frac{4 \cdot 3}{1 \cdot 2} = 6$ Ergebnisse: $a\,a$, $a\,b$, $a\,c$, $b\,b$, $b\,c$, $c\,c$.

8.3. Stochastik

8.3.1. Wahrscheinlichkeit

Bei einem **Zufallsexperiment** Z habe jeder **Versuch** V die möglichen **Ergebnisse** $\omega_1, \omega_2, \ldots, \omega_N$. Die Menge $\Omega := \{\omega_1, \omega_2, \ldots, \omega_N\}$ heißt **Ergebnisraum** von Z genau dann, wenn jedem Versuchsausgang höchstens ein ω_i zugeordnet wird. $|\Omega| = N :=$ Anzahl aller möglichen Ergebnisse von Z.

Beispiel: Z: Ziehen einer Karte aus einem Skatspiel. $\qquad V$: einmalige Durchführung einer solchen Ziehung.
$\qquad\qquad \Omega$: {Kreuz As, Kreuz König, ..., Karo Sieben}. $\quad |\Omega| = 32$.

Statistik, Kombinatorik, Stochastik

Jedes Ergebnis ω_i hat eine Reihe von **Merkmalen** a, b, c, ... Man faßt Ergebnisse mit gemeinsamen Merkmalen zu Teilmengen A, B, C, ... von Ω zusammen. Jede solche Teilmenge heißt ein **Ereignis**, die Menge aller Ereignisse $\mathfrak{P}\Omega$ heißt **Ereignisraum** von Z. Die einelementigen Teilmengen $\{\omega_i\}$ von Ω heißen **Elementarereignisse**. Man sagt: Das Ereignis A ist eingetreten, falls das Versuchsergebnis $\omega_i \in A$.

Beispiele: Merkmale: a HERZ AS, b KÖNIG, c HERZ, d PIK.
 Zugehörige Ereignisse:
 $A = \{\text{Herz As}\} \subset \Omega$ (Elementarereignis), $\qquad C = \{k \mid k \text{ mit Merkmal HERZ}\} \subset \Omega$,
 $B = \{\text{Kreuz König, Pik König, Herz König, Karo König}\} \subset \Omega, \quad D = \{k \mid k \text{ ist PIK}\} \subset \Omega$.

Das Ziehen einer Karte liefert Pik König: Die Ereignisse B und D sind eingetreten (Pik König $\in$ B, Pik König $\in$ D), die Ereignisse A und C sind nicht eingetreten (Pik König $\notin$ A, Pik König $\notin$ C).

Für die **Ereignisalgebra** $(\mathfrak{P}\Omega, \cap, \cup)$ [vgl. 4.1 Boolesche Algebra] gelten folgende Sprechweisen: Ω sicheres Ereignis. $\emptyset$ unmögliches Ereignis. $A \cap B$ Ereignis „A und B". $A \cup B$ Ereignis „A oder B". $\bar{A}$ Gegenereignis zu A. $A \cap B = \emptyset :\Leftrightarrow A, B$ unvereinbar. $A \subset B :\Leftrightarrow A$ hat B zur Folge.

Beispiele: Ω: Das Ziehen einer Karte bringt **sicher** ein Ereignis.
 $\emptyset$: Das Ziehen einer Karte bringt **unmöglich** ein Ergebnis mit dem Merkmal „KARO und PIK".
 $B \cap C = \{\text{Herz König}\}$. $\qquad B \cup C = \{k \mid k \text{ ist KÖNIG oder } k \text{ ist HERZ}\}$.
 $\bar{B} = \{k \mid k \text{ ist kein KÖNIG}\}$. $\qquad C \cap D = \emptyset$ (HERZ und PIK unvereinbar).
 $A \subset C$ (wenn Herz As, dann überhaupt ein HERZ gezogen).

Es werden n Versuche eines Zufallsexperiments durchgeführt (es wird eine Stichprobe vom Umfang n gezogen); dabei tritt ein Ereignis A genau gA mal auf (gA := Anzahl der für das Ereignis A günstigen Ausfälle). $hA := \dfrac{gA}{n}$ heißt **relative Häufigkeit von A**. (Ist n groß, so ist hA eine gute **Näherung für die Wahrscheinlichkeit pA**).

Beispiele:

n	10	50	100	500	1000	5000
gB	1	9	13	63	127	626
hB	0,100	0,180	0,130	0,126	0,127	0,125

$pB = \dfrac{4}{32} = \dfrac{1}{8} = 0{,}125\bar{0}$

Wenn Ω endlich, alle ω_i gleichwahrscheinlich (Laplace-Voraussetzung) und $|A|$ die Anzahl der möglichen Ergebnisse, die zum Ereignis A gehören, dann heißt $pA := \dfrac{|A|}{|\Omega|}$ die **Wahrscheinlichkeit des Ereignisses A**.

Beispiele: $pA = \dfrac{|A|}{|\Omega|} = \dfrac{1}{32}, \quad pB = \dfrac{|B|}{|\Omega|} = \dfrac{4}{32} = \dfrac{1}{8}, \quad pC = \dfrac{|C|}{|\Omega|} = \dfrac{8}{32} = \dfrac{1}{4}, \quad pD = \dfrac{|D|}{|\Omega|} = \dfrac{8}{32} = \dfrac{1}{4}$.

$(\Omega, \mathscr{E}, p)$ heißt **Wahrscheinlichkeitsraum**, p **Wahrscheinlichkeitsfunktion** genau dann, wenn
 Ω Ergebnisraum, $(\mathscr{E}, \cap, \cup)$ Ereignisalgebra (z.B. $\mathscr{E} = \mathfrak{P}\Omega$),
 $p: \mathscr{E} \to \mathbb{R}, E \mapsto pE$ Funktion mit folgenden Eigenschaften ist:

$\bigwedge_{A \in \mathscr{E}} : pA \geq 0$ (Nichtnegativität) $\qquad p\Omega = 1$ (Normierung)

$\bigwedge_{A \in \mathscr{E}} \bigwedge_{B \in \mathscr{E}} : A \cap B = \emptyset \Rightarrow p(A \cup B) = pA + pB$ (Additivität)

Eigenschaften der Wahrscheinlichkeitsfunktion p:

$p\bar{A} = 1 - pA \qquad p\emptyset = 0 \qquad p(A \cup B) = pA + pB - p(A \cap B)$

$$p\left(\bigcup_{i=1}^{n} A_i\right) = \sum_{i=1}^{n} pA_i - \sum_{\substack{i,j=1 \\ i<j}}^{n} p(A_i \cap A_j) + \sum_{\substack{i,j,k=1 \\ i<j<k}}^{n} p(A_i \cap A_j \cap A_k) - \ldots + (-1)^n p\left(\bigcap_{i=1}^{n} A_i\right)$$

Beispiele: $p\bar{B} = 1 - pB = 1 - \dfrac{4}{32} = \dfrac{28}{32}$; $p(C \cap D) = 0$; $p(B \cup C) = pB + pC - p(B \cap C) = \dfrac{4}{32} + \dfrac{8}{32} - \dfrac{1}{32} = \dfrac{11}{32}$

Statistik, Kombinatorik, Stochastik

Interessieren nur die Ergebnisse eines Zufallsexperiments, die zu einem Ereignis B mit $pB > 0$ gehören, achtet man also bei einem (anderen) Ereignis A auf die Bedingung, daß auch B eingetreten ist, so heißt $p_B A$ die durch B **bedingte Wahrscheinlichkeit von A**.

$$p_B A := \frac{p(A \cap B)}{pB} \quad \text{(andere Schreibweise: } p(A/B)\text{)}$$

Beispiel: Wahrscheinlichkeit, einen KÖNIG zu ziehen unter der Bedingung, daß HERZ gezogen wird:
$$p_C B = \frac{p(B \cap C)}{pC} = \frac{1/32}{8/32} = \frac{1}{8} \quad (= p(B/C))$$

Multiplikationssatz

$$p_B A \cdot pB = p(A \cap B) = p_A B \cdot pA$$

Beispiel: $p_C B \cdot pC = \frac{1}{8} \cdot \frac{8}{32} = \frac{1}{32} = p(C \cap B) = \frac{1}{4} \cdot \frac{4}{32} = p_B C \cdot pB$.

A und B stochastisch unabhängig: $\Leftrightarrow p_B A = pA \Leftrightarrow p_A B = pB \Leftrightarrow p(A \cap B) = pA \cdot pB$

Beispiel: B und C sind stochastisch unabhängig, denn:
$$p(B \cap C) = \frac{1}{32} = \frac{4}{32} \cdot \frac{8}{32} = pB \cdot pC.$$

Formel von Bayes Gegeben eine Klasseneinteilung $A_1, \ldots, A_n$ von Ω mit $pA_i > 0$ für alle i, dann

$$p_B A_i = \frac{p_{A_i} B \cdot pA_i}{p_{A_1} B \cdot pA_1 + p_{A_2} B \cdot pA_2 + \ldots + p_{A_n} B \cdot pA_n}$$

Beispiel: $B, \bar{B}$ ist eine Klasseneinteilung von Ω;
$$pB = \frac{4}{32}, \quad p\bar{B} = \frac{28}{32}: \quad p_C B = \frac{p_B C \cdot pB}{p_B C \cdot pB + p_{\bar{B}} C \cdot p\bar{B}} = \frac{1/4 \cdot 4/32}{1/4 \cdot 4/32 + 7/28 \cdot 28/32} = \frac{1}{8}$$

8.3.2. Zufallsvariable

Jede Funktion
$$X: \Omega \to \mathbb{R}, \omega \mapsto X\omega$$

heißt **Zufallsvariable** über Ω. Jeder Wert x von X definiert ein Ereignis $A = \{\omega \mid X\omega = x\}$.

Beispiel: Die Skatregeln ordnen jeder Karte einen festen Wert zu; dies definiert eine Zufallsvariable X gemäß der Tabelle:

ω_i	Kreuz As	Kreuz König	...	Karo Sieben
$X\omega_i$	11	4	...	0

$A = \{\omega_i \mid X_i = 11\}$
$= \{\text{Kreuz As, Pik As, Herz As, Karo As}\}$

Die Funktion
$$W: \mathbb{R} \to [0, 1], x \mapsto Wx \quad \text{mit} \quad Wx := p\{\omega / X\omega = x\}$$

heißt **Wahrscheinlichkeitsfunktion von X**.
X heißt nach W verteilt (und W auch Verteilung von X). Kurzschreibweise: $p(X = x) := p\{\omega \mid X\omega = x\}$.

Beispiel:
$W 11 = p\{\omega_i \mid X\omega_i = 11\} = p(X = 11) = \frac{4}{32}$
$W 4 = p(X = 4) = \frac{4}{32}$
...
$W 1 = p(X = 1) = 0$
$W 0 = p(X = 0) = \frac{12}{32}$

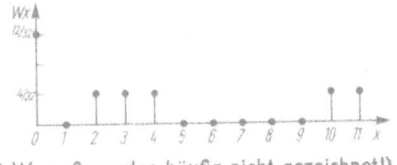

(Punkte mit $Wx = 0$ werden häufig nicht gezeichnet!)

Die Funktion
$$F: \mathbb{R} \to [0, 1], \quad x \mapsto Fx, \quad Fx := p\{\omega \mid X\omega \leq x\} = \sum_{x^* \leq x} Wx^*$$

heißt **(kumulative) Verteilungsfunktion von X**. Kurzschreibweise: $p(X \leq x) := p\{\omega \mid X\omega \leq x\}$.

Statistik, Kombinatorik, Stochastik

Beispiel: $F0 = W0 = 12/32$
$F1 = W0 + W1 = 12/32 + 0/32 = 12/32$
$F2 = W0 + W1 + W2 = 12/32 + 0/32 + 4/32 = 16/32$
$F3 = 02/32$
. . . .
$F11 = 1$

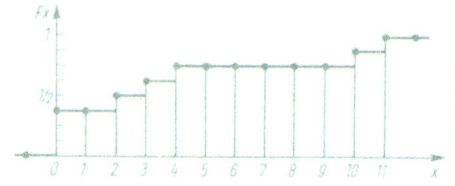

Jede Funktion

$$f: \mathbb{R} \to [0,1], \quad x \mapsto fx, \quad fx := \frac{p\{\omega \mid a_i < X\omega \leq a_{i+1}\}}{a_{i+1} - a_i} \quad \text{für } x \in]a_i, a_{i+1}]$$

heißt **Dichtefunktion von X**, falls $\{]a_i, a_{i+1}]\}$ eine Zerlegung von $\mathbb{R}$.
Kurzschreibweise: $p(a_i < X \leq a_{i+1}) := p\{\omega \mid a_i < X\omega \leq a_{i+1}\}$.

Beispiel: $\left\{\left]\frac{k}{2}, \frac{k+2}{2}\right]\right\}$, $k \in \mathbb{Z}$ ist eine Zerlegung von $\mathbb{R}$.

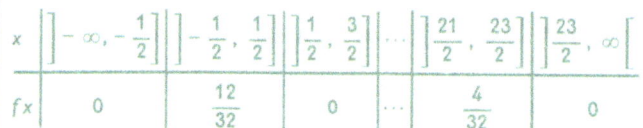

$x_1, x_2, \ldots, x_n$ seien sämtliche Werte von X mit den Wahrscheinlichkeiten $Wx_i = p(X = x_i)$.
Erwartungswert von X

$$\mu := EX := \sum_{i=1}^{n} x_i \cdot Wx_i \quad (\mu: \Omega \to \mathbb{R}, \omega \mapsto \mu \text{ ist eine konstante Zufallsvariable}).$$

Beispiel:

$x_i = i$	0	1	2	$\ldots$	11
Wx_i	12/32	0	4/32	$\ldots$	4/32

somit: $EX = \sum_{i=0}^{11} i \cdot Wi = 0 \cdot \frac{12}{32} + 1 \cdot 0 + 2 \cdot \frac{4}{32} + \ldots + 11 \cdot \frac{4}{32} = \frac{15}{4} = 3{,}750$ (mittlerer Wert einer Skatkarte)

Varianz(wert) von X (Streuung)

$$\sigma^2 := \text{Var}\, X := E(X - \mu)^2 = EX^2 - (EX)^2$$

Standardabweichung von X (mittlere quadratische Abweichung)

Beispiel: $\sigma^2 = \sum_{i=0}^{11} \left(i - \frac{15}{4}\right)^2 \cdot Wi = \frac{275}{16} \approx 17{,}19;\quad \sigma \approx \sqrt{17{,}19} \approx 4{,}15$

Für jede reelle Zahl a und jede konstante Zufallsvariable $B: \Omega \to \mathbb{R}, \omega \mapsto b$ gilt

$$E(aX + B) = aEX + b, \quad \text{Var}(aX + B) = a^2 \text{Var}\, X.$$

Ungleichung von Tschebyschew: Für $\varepsilon \in \mathbb{R}^+$ gilt $p(|X - \mu| \geq \varepsilon) \leq \frac{\text{Var}\, X}{\varepsilon^2}$.

Beispiel: Für $\varepsilon = 2\sigma$ ist $p(|X - \mu| \geq 2\sigma) \leq \frac{\sigma^2}{(2\sigma)^2} = \frac{1}{4}$.

Zu X gehörige standardisierte Zufallsvariable:

$$X^* := \frac{X - \mu}{\sigma}$$

mit Erwartungswert μ von X, $\mu^* = 0$ von X^* und mit Standardabweichung σ von X, $\sigma^* = 1$ von X^*.

Beispiel

ω_i	Kreuz As	Kreuz König	Kreuz Dame	$\ldots$	Karo Sieben
$X^* \omega_i$	1,749	0,060	$-0{,}181$	$\ldots$	$-0{,}905$

8.3.3. Spezielle Verteilungen

Hypergeometrische Verteilung von X (2 Merkmale)

$$W_x = p(X=x) = \frac{\binom{M}{x} \cdot \binom{N-M}{n-x}}{\binom{N}{n}} := H(N, M; n, x) \qquad \text{für } x \in \{0, 1, \ldots, n\} =: \mathbb{N}_0$$

Erwartungswert: $\mu_H = n \cdot \frac{M}{N}$, Varianzwert: $\sigma_H^2 = \frac{N-n}{N-1} \cdot n \cdot \frac{M}{N} \cdot \frac{N-M}{N}$.

(Für $n \ll \text{MIN}(M, N-M)$ wird die Hypergeometrische Verteilung durch die einfacher zu berechnende Binomialverteilung approximiert.)

Beispiel: Gegeben: Urne mit $N = 10$ Kugeln; davon $M = 4$ Kugeln mit dem 1. Merkmal „weiß" und $N - M = 6$ mit dem 2. Merkmal „nichtweiß".

Man zieht $n = 5$ Kugeln **ohne Zurücklegen**. Jedes Ergebnis ω ist also eine Teilmenge des Umfangs 5. Es sei $X\omega = x$, falls beim Ergebnis ω x Kugeln mit Merkmal „weiß" vorhanden sind. Die Wahrscheinlichkeit, unter 5 gezogenen Kugeln $x = 3$ weiße zu erhalten, ist:

$$H(10, 4; 5, 3) = \frac{\binom{4}{3} \cdot \binom{6}{2}}{\binom{10}{5}} = \frac{5}{21} = 0{,}2381 \qquad \mu_H = 5 \cdot \frac{4}{10} = 2 \qquad \sigma_H^2 = \frac{5}{9} \cdot 5 \cdot \frac{4}{10} \cdot \frac{6}{10} = \frac{2}{3}$$

Verallgemeinerung auf k Merkmale:

$$H(N, M_1, M_2, \ldots, M_k; n, x_1, x_2, \ldots, x_k) := \frac{\binom{M_1}{x_1} \cdot \binom{M_2}{x_2} \cdot \ldots \cdot \binom{M_k}{x_k}}{\binom{N}{n}}; \quad \sum_{i=1}^{k} M_i = N; \quad \sum_{i=1}^{k} x_i = n$$

Beispiel: Gegeben: Urne mit $N = 10$ Kugeln; davon $M_1 = 5$ mit dem Merkmal „weiß", $M_2 = 3$ mit dem 2. Merkmal „rot", $M_3 = 2$ mit dem 3. Merkmal „blau" ($k = 3$).

Man zieht $n = 5$ Kugeln **ohne Zurücklegen**. (Teilmenge des Umfangs 5). Die Wahrscheinlichkeit, dabei $x_1 = 2$ weiße, $x_2 = 2$ rote und $x_3 = 1$ blaue zu ziehen, ist:

$$H(10, 5, 3, 2; 5, 2, 2, 1) = \frac{\binom{5}{2} \cdot \binom{3}{2} \cdot \binom{2}{1}}{\binom{10}{5}} = \frac{60}{252} = 0{,}2381$$

Binomialverteilung von X (Bernoulliverteilung)

$$W_x = p(X=x) = \binom{n}{x} \cdot p^x \cdot (1-p)^{n-x} = \binom{n}{x} \cdot p^x \cdot q^{n-x} := B(n, p; x) \qquad \text{für } x \in \mathbb{N}_0, \quad (q := 1-p)$$

Erwartungswert: $\mu_B = n \cdot p$, Varianzwert: $\sigma_B^2 = n \cdot p \cdot q$.

(Für $p \ll 1 \ll n$ (seltene Ereignisse) wird die Binomialverteilung durch die Poissonverteilung approximiert.)

Beispiel: Urne und Zufallsvariable wie oben bei zwei Merkmalen „weiß"/„nichtweiß".

Man zieht $n = 5$ Kugeln, jedoch **mit Zurücklegen** (Stichprobe des Umfangs 5). Die Wahrscheinlichkeit, **eine** weiße Kugel zu ziehen, ist $p = \frac{M}{N} = \frac{4}{10}$ (somit Bernoullikette der Länge 5 mit $p = 0{,}4$). Die Wahrscheinlichkeit, unter 5 gezogenen Kugeln $x = 3$ weiße zu erhalten, ist:

$$B\left(5, \frac{4}{10}; 3\right) = \binom{5}{3} \cdot \left(\frac{4}{10}\right)^3 \cdot \left(\frac{6}{10}\right)^2 = \frac{144}{625} \approx 0{,}2304 \qquad \mu_B = 5 \cdot \frac{4}{10} = 2 \qquad \sigma_B^2 = 5 \cdot \frac{4}{10} \cdot \frac{6}{10} = \frac{6}{5}$$

Poissonverteilung von X mit Parameter μ

$$W_x = p(X=x) = \frac{\mu^x \cdot e^{-\mu}}{x!} := P(\mu; x) \qquad \text{für } x \in \mathbb{N}_0$$

Erwartungswert: $\mu_P = \mu$, Varianzwert: $\sigma_P^2 = \mu$.

Statistik, Kombinatorik, Stochastik

Zur Approximation der Binomialverteilung setze man $\mu = n \cdot p$ und beachte $p \ll 1 \ll n$ (seltene Ereignisse), dann ist

$$P(\mu; x) = P(n \cdot p; x) = \frac{(np)^x \cdot e^{-np}}{x!}.$$

Beispiel: $P(2; 3) = \dfrac{2^3 \cdot e^{-2}}{3!} \approx 0{,}1804$

Vergleich von $B(n, p; x)$ mit $P(np; x)$ für $n \cdot p = 2$, $x = 3$

n	5	10	25	50	500
p	0,4	0,2	0,08	0,04	0,004
B(n, p; 3)	0,2304	0,2013	0,1881	0,1842	0,1808

$\to 0{,}1804 \, (= P(2; 3))$

Normalverteilung von X (Gaußverteilung) mit den Parametern μ und σ

$$Wx = p(X = x) = \frac{1}{\sqrt{2\pi} \cdot \sigma} \cdot e^{-\frac{1}{2}\left(\frac{x-\mu}{\sigma}\right)^2} := G(\mu, \sigma; x) \quad \text{für } x \in \mathbb{R}$$

Erwartungswert: $\mu_G = \mu$, Varianzwert: $\sigma_G^2 = \sigma^2$.

Zur Approximation der Binomialverteilung setze man $\mu = n \cdot p$, $\sigma = \sqrt{n \cdot p \cdot q}$ und beachte $\dfrac{1}{\sqrt{2 \cdot npq}} \ll 1 \ll n$, dann ist

$$G(\mu, \sigma; x) = G(np, \sqrt{npq}; x) = \frac{1}{\sqrt{2\pi npq}} \cdot e^{-\frac{(x-np)^2}{2npq}}$$

Beispiel: $G\left(2, \sqrt{\dfrac{6}{5}}; 3\right) = \dfrac{1}{\sqrt{2\pi \cdot 6/5}} \cdot e^{-\frac{(3-2)^2}{2 \cdot 6/5}} \approx 0{,}2401$

Vergleich von $B(n, p; x)$ mit $G(np, \sqrt{npq}; x)$ für $p = \dfrac{4}{10}$, $q = \dfrac{6}{10}$

n	1	5	10	50	100	200
x	1	3	5	23	44	86
B	0,4000	0,2304	0,2007	0,07781	0,05763	0,03922
G	0,5368	0,2401	0,1698	0,07592	0,05368	0,03796
Δ %	+ 34	+ 4,2	− 15	− 2,4	− 6,8	− 3,2

Ist X normalverteilt, so auch die standardisierte Zufallsvariable X* mit

$$G(0, 1; z) = \frac{1}{\sqrt{2\pi}} \cdot e^{-\frac{1}{2}z^2} := \varphi z \quad (\mu^* = 0, \sigma^* = 1)$$

Beispiele

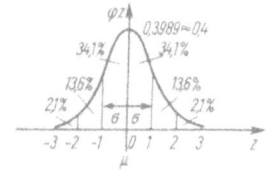

φ ist für jede normalverteilte Zufallsvariable X brauchbar, denn

$$G(\mu, \sigma; x) = \frac{1}{\sigma} \cdot \varphi z \quad \text{mit } z = \frac{x - \mu}{\sigma}.$$

Standardisierte (kumulative) Normalverteilung

$$\Phi z := \int_{-\infty}^{z} \varphi t \, dt = \frac{1}{\sqrt{2\pi}} \int_{-\infty}^{z} e^{-\frac{1}{2}t^2} \, dt$$

Φ ist für jede normalverteilte Zufallsvariable X mit Erwartungswert μ und Standardabweichung σ brauchbar, denn

$$\Phi(\mu, \sigma; x) := \int_{-\infty}^{x} G(\mu, \sigma; t) \, dt = \Phi\left(\frac{x-\mu}{\sigma}\right).$$

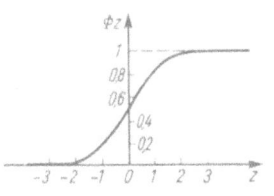

8.3.4. Testen einer Hypothese

Signifikanztest

Jede Aussage über Wahrscheinlichkeiten von Ereignissen A, B, ... (wie: $pA = a$ oder: $pA < b \wedge pB = c$) heißt **Hypothese**. Soll eine Hypothese statistisch überprüft werden, ob sie eventuell abgelehnt werden muß, wird sie **Nullhypothese** H_0 genannt, ihre **Alternative** H_1.

Fehler 1. Art := H_0 wird abgelehnt, obwohl H_0 zutrifft.
Fehler 2. Art := H_0 wird nicht abgelehnt, obwohl H_0 falsch ist.

Jede obere Schranke α für das **Risiko 1. Art**, d.h., die Wahrscheinlichkeit, den Fehler 1. Art zu begehen, heißt **Signifikanzniveau**.
Jedes statistische Entscheidungsverfahren, das entweder zur Ablehnung oder Nichtablehnung von H_0 führt, heißt ein **Test**.

Testverfahren

(1) Annahme: H_0 sei wahr.
(2) Vorgabe eines Signifikanzniveaus $\alpha \in [0; 1]$.
(3) Konstruktion eines Ereignisses A (:= **Ablehnungsbereich**) so, daß $pA \leq \alpha$, falls H_0 wahr.
(4) Durchführung des entsprechenden Zufallsexperiments.
(5) Entscheidung: **H_0 wird abgelehnt** $\Leftrightarrow$ **A tritt ein** $\Leftrightarrow$ das Ergebnis des Zufallsexperiments gehört zum Ablehnungsbereich.

Beispiel: Gegeben: Urne mit 120 schwarzen oder weißen Kugeln. Die **Vermutung** „Es sind höchstens 30 weiße Kugeln in der Urne" soll durch eine Stichprobe (mit Zurücklegen) vom Umfang 20 überprüft werden.
ω_i := Ergebnis „Stichprobe enthält i weiße Kugeln", Ergebnisraum $\Omega = \{\omega_0, \omega_1, \omega_2, \ldots, \omega_{20}\}$.
Zu untersuchende Zufallsvariable (:= **Testgröße**) $X: \omega_i \mapsto i$ mit der zugehörigen Wahrscheinlichkeitsverteilung $B(20; p; i)$.

Nullhypothese: $H_0: p \leq \dfrac{30}{120}$, Alternative: $H_1: p > \dfrac{30}{120}$, Signifikanzniveau: $\alpha := 0{,}05$ (5 %).

Ablehnungsbereich $A = \{\omega_j, \omega_{j+1}, \ldots, \omega_{20}\}$ so, daß $pA \leq 0{,}05$ und j minimal.

Bestimmung von j: $pA = \sum\limits_{i=j}^{20} B\left(20; \dfrac{1}{4}; i\right) = 1 - \sum\limits_{i=0}^{j-1} B\left(20; \dfrac{1}{4}; i\right) \leq 0{,}05 \Rightarrow \sum\limits_{i=0}^{j-1} B\left(20; \dfrac{1}{4}; i\right) \geq 0{,}95$

Die Tafel kumulative Bernoulli (Binomial)-Verteilung liefert $j - 1 = 8$, also $j = 9$. Somit ist $A = \{\omega_9, \omega_{10}, \ldots, \omega_{20}\}$. H_0 wird abgelehnt, falls die Stichprobe mehr als 8 weiße Kugeln enthält. Risiko 1. Art: 0,0409.
Anmerkung: Enthält die Stichprobe weniger als 9 weiße Kugeln, so wird nach dem Verfahren H_0 auf dem 5 %-Signifikanzniveau nur nicht abgelehnt, jedoch nicht unbedingt angenommen.

χ^2-Test (Chi-Quadrat-Test)

Gegeben: 1. Eine **experimentell ermittelte** (beobachtete) **Stichprobe** des Umfangs N, verteilt auf k Klassen in der Häufigkeitsverteilung

$(n_1, n_2, \ldots, n_k)$ mit $\sum\limits_{i=1}^{k} n_i = N$.

2. Eine **theoretische Wahrscheinlichkeitsverteilung**

$(p_1, p_2, \ldots, p_k)$ mit $\sum\limits_{i=1}^{k} p_i = 1$

und die zugehörige **Häufigkeitsverteilung**

$(h_1, h_2, \ldots, h_k)$, $h_i := N p_i$ mit $\sum\limits_{i=1}^{k} h_i = \sum\limits_{i=1}^{k} N p_i = N$.

Als Maß der Abweichung der n_i von den h_i verwendet man die Größe

$\chi^2 = \sum\limits_{i=1}^{k} \dfrac{(n_i - h_i)^2}{h_i}$.

Die Größe $P(\chi^2)$ (vgl. Tafel χ^2-Verteilung kumulativ) gibt Auskunft darüber, mit welcher Wahrscheinlichkeit der errechnete Wert von χ^2 erreicht oder überschritten wird, wenn man die Hypothese aufstellt, daß $(n_1, n_2, \ldots, n_k)$ eine Zufallsstichprobe des Umfangs N mit den Grundwahrscheinlichkeiten $(p_1, p_2, \ldots, p_k)$ ist.
Sie gibt gleichzeitig an, mit welcher Irrtumswahrscheinlichkeit die Hypothese „Die Stichprobe $(n_1, n_2, \ldots, n_k)$ ist mit der theoretischen Verteilung $(h_1, h_2, \ldots, h_k)$ verträglich" abgelehnt wird.

Angewandte Mathematik: Rechnen mit Näherungszahlen

Beispiel: Zwei Würfel A und B sollen auf ihre Echtheit geprüft werden. Dazu werden beide je 600mal geworfen ($N = 600$).
Man erhält für die 6 möglichen Augenzahlen experimentelle Häufigkeiten n_i ($i = 1, \ldots, 6$) für die Würfel A, B folgende Ergebnisse (während $h_1 = h_2 = \ldots = h_6 = 100$ die theoretischen Häufigkeiten für einen echten Würfel sind):

i	n_i A	n_i B	h_i	Berechnung von χ^2	i	$n_i - h_i$ A	$n_i - h_i$ B	$\dfrac{(n_i - h_i)^2}{h_i}$ A	$\dfrac{(n_i - h_i)^2}{h_i}$ B
1	97	87	100		1	-3	-13	0,09	1,69
2	106	124	100		2	6	24	0,36	5,76
3	104	93	100		3	4	-7	0,16	0,49
4	95	92	100		4	-5	-8	0,25	0,64
5	107	86	100		5	7	-14	0,49	1,96
6	91	118	100		6	-9	18	0,81	3,24
N	600	600	600				χ^2:	2,16	13,78

Auswertung: In der Tafel χ^2-Verteilung kumulativ benutzt man die Werte von χ^2 für 5 Freiheitsgrade ($f = 5$), weil nur 5 Häufigkeiten $n_1, n_2, \ldots, n_5$ „frei wählbar" sind: $n_6 = N - (n_1 + n_2 + \ldots + n_5)$.
Für Würfel $\begin{smallmatrix}A\\B\end{smallmatrix}$ ergibt sich $\begin{smallmatrix}1{,}61 < 2{,}16 < 3{,}00\\11{,}1 < 13{,}78 < 15{,}1\end{smallmatrix}$ mit $\begin{smallmatrix}0{,}90 > P(2{,}16) > 0{,}70\\0{,}05 > P(13{,}78) > 0{,}01\end{smallmatrix}$

Ergebnis: Für Würfel A wird die Hypothese „A ist echt" nicht abgelehnt; für Würfel B wird die Hypothese „B ist echt" abgelehnt; Irrtumswahrscheinlichkeit $< 5\%$.

9. Angewandte Mathematik
9.1. Rechnen mit Näherungszahlen

9.1.1. Fehler

Sind x, y Näherungszahlen für die (meist nicht bekannten) wahren Zahlen x^*, y^*, so heißen
$$|x^* - x| := \Delta x, \quad |y^* - y| := \Delta y \quad \textbf{absolute Fehler.}$$
Es ist $x^* = x \pm \Delta x$, $y^* = y \pm \Delta y$. Die Quotienten
$$\frac{\Delta x}{|x^*|} \approx \frac{\Delta x}{|x|}, \quad \frac{\Delta y}{|y^*|} \approx \frac{\Delta y}{|y|} \quad \text{heißen \textbf{relative Fehler}.}$$

Beispiele: $x = 3{,}14$; $x^* = \pi$. $\Delta x = 0{,}0015926535\ldots$, $\dfrac{\Delta x}{x} = 0{,}000507 = \dfrac{\Delta x}{x^*}$.

$y = 2{,}72$; $y^* = e$. $\Delta y = 0{,}0017181715\ldots$, $\dfrac{\Delta y}{y} = 0{,}000632 = \dfrac{\Delta y}{y^*}$.

Ist x^* nicht bekannt, so auch nicht Δx.
Man berücksichtigt dann wenigstens die **maximalen Fehler** $(\Delta x)_{\text{MAX}}$ bzw. $\left(\dfrac{\Delta x}{|x|}\right)_{\text{MAX}}$.

Wegen der Rundungsregeln findet man: $(\Delta x)_{\text{MAX}} = 5$ **Einheiten der ersten bei x fehlenden Stelle.**
Mit $x_{\text{MIN}} := x - (\Delta x)_{\text{MAX}}$, $x_{\text{MAX}} := x + (\Delta x)_{\text{MAX}}$ ist sicher $x^* \in [x_{\text{MIN}}, x_{\text{MAX}}[$.

Beispiele: $x = 3{,}14$ könnte durch Runden entstanden sein aus $x_{\text{MIN}} = 3{,}135\bar{0}$ oder aus $x_{\text{MAX}} = 3{,}145\bar{0}$.
$(\Delta x)_{\text{MAX}} = \dfrac{1}{2}(x_{\text{MAX}} - x_{\text{MIN}}) = 0{,}005$. $\left(\dfrac{\Delta x}{|x|}\right)_{\text{MAX}} = 0{,}0016$.

9.1.2. Fehlerfortpflanzung
Addition und Subtraktion

Der maximale absolute Fehler der Summe (Differenz) zweier Näherungszahlen ist gleich der Summe der maximalen absoluten Fehler der beiden Näherungszahlen: $(\Delta(x \pm y))_{\text{MAX}} = (\Delta x)_{\text{MAX}} + (\Delta y)_{\text{MAX}}$.
Achtung: Beim Subtrahieren kann der Fehler so groß im Vergleich zur Differenz werden, daß das Resultat unbrauchbar ist!
Faustregel (Zählung der Nachkommastellen): Die Summe (Differenz) von Näherungszahlen hat höchstens soviele Stellen nach dem Komma wie die Näherungszahl mit der geringsten Stellenzahl nach dem Komma.

Angewandte Mathematik: Rechnen mit Näherungszahlen

Beispiele: $3{,}14 + 2{,}7 = 5{,}8$ $\quad 3{,}14 - 2{,}7 = 0{,}4$ $\quad$ Zur Faustregel: $\quad 4{,}87\,|\,6$
$\qquad\qquad\qquad\qquad\qquad\qquad\qquad\qquad\qquad\qquad\qquad\qquad\qquad + 12{,}54\,|\quad\leftarrow$
$\qquad\qquad$ denn $3{,}14 \pm 0{,}005 \qquad$ denn $3{,}14 \pm 0{,}005 \qquad\qquad\ + 6{,}12\,|\,04$
$\qquad\qquad\quad\ + 2{,}7\ \pm 0{,}05 \qquad\qquad\quad - 2{,}7\ \pm 0{,}05 \qquad\qquad\ - 4{,}23\,|\,6$
$\qquad\qquad\quad\ \overline{\quad 5{,}84 \pm 0{,}055\ } \qquad\quad\ \overline{\quad 0{,}44 \pm 0{,}055\ } \qquad\quad \overline{\underline{\ 19{,}30\,|\,\cancel{04}\ }}$

Multiplikation und Division

Der maximale relative Fehler eines Produkts p (Quotienten q) zweier Näherungszahlen ist gleich der Summe der maximalen relativen Fehler der beiden Näherungszahlen.

$$\left(\frac{\Delta p}{|p|}\right)_{MAX} \approx \left(\frac{\Delta x}{|x|}\right)_{MAX} + \left(\frac{\Delta y}{|y|}\right)_{MAX} \approx \left(\frac{\Delta q}{|q|}\right)_{MAX}$$

Beispiele: $p = 3{,}14 \cdot 2{,}7 = 8{,}5$; denn:
$\qquad\qquad 3{,}140 \cdot 2{,}7\bar{0} = 8{,}478\bar{0}$
$\qquad\qquad$ und $\left(\frac{\Delta x}{|x|}\right)_{MAX} = 0{,}0016$, $\left(\frac{\Delta y}{|y|}\right)_{MAX} = 0{,}0185$, $\left(\frac{\Delta p}{|p|}\right)_{MAX} = 0{,}02$, $(\Delta p)_{MAX} = 0{,}02 \cdot 8{,}478 = 0{,}17$.

Faustregel (Zählung der wesentlichen Ziffern): Das Produkt (der Quotient) von Näherungszahlen hat so viele wesentlichen Ziffern wie die Näherungszahl mit der geringsten Anzahl wesentlicher Ziffern.

Beispiel: $\dfrac{\boxed{4{,}87}\cdot 0{,}02153}{11{,}401}$ $(= 0{,}009196658187878) = 0{,}00\boxed{920}$ $\quad$ (3 wesentliche Ziffern)

Fehlerfortpflanzung bei differenzierbaren Funktionen

Wenn $y = f(x)$ und Δx absoluter Fehler von x, dann $\Delta y \approx f'(x) \cdot \Delta x$ absoluter Fehler von y.

Beispiel: $\ y = \ln x$, $\ f'(x) = \dfrac{1}{x}$, $\ x = 1{,}85$, $\ \Delta x = 0{,}005$.

$\qquad\qquad y = \ln(1{,}85) = 0{,}615$, denn $\ln(1{,}850) = 0{,}615185\ldots\ $ und $\ \Delta y \approx \dfrac{1}{1{,}85} \cdot 0{,}005 = 0{,}003\ $ (vgl. Tafel 10!)

9.1.3. Hinweise zum Gebrauch von Elektronischen Taschenrechnern (ETR)

ETR geben für die Lösungen der meisten numerischen Probleme auf der Schule **zu viele Ziffern**. Man muß daher die Genauigkeit der Endergebnisse abschätzen (vgl. 9.1.2.).

Beispiel: $\ln 1{,}85 = 0{,}6151856390906\ldots$ ist viel zu genau, weil 1,85 mit 1,85000000000 fälschlich identifiziert.

Hilfreich sind auch **Kontrollrechnungen** für minimale/maximale Ergebnisse:

$(x+y)_{MIN} = x_{MIN} + y_{MIN}$	$(x+y)_{MAX} = x_{MAX} + y_{MAX}$	Beispiele
$(x-y)_{MIN} = x_{MIN} - y_{MAX}$	$(x-y)_{MAX} = x_{MAX} - y_{MIN}$	$3{,}14 \cdot 2{,}7 = 8{,}478$ unkontrolliert
ohne Berücksichtigung des Vorzeichens		$3{,}135 \cdot 2{,}65 = 8{,}30775$ minimal
$(x \cdot y)_{MIN} = x_{MIN} \cdot y_{MIN}$	$(x \cdot y)_{MAX} = x_{MAX} \cdot y_{MAX}$	$3{,}145 \cdot 2{,}75 = 8{,}64875$ maximal
$(x : y)_{MIN} = x_{MIN} : y_{MAX}$	$(x : y)_{MAX} = x_{MAX} : y_{MIN}$	somit nur sinnvoll $3{,}14 \cdot 2{,}7 = 8{,}5$
$(f(x))_{MIN} = f(x_{MIN})$, falls f bei x steigt	$(f(x))_{MAX} = f(x_{MAX})$, falls f bei x steigt	$\cos 32{,}5° = 0{,}8433914$ unkontrolliert
		$\cos 32{,}55° = 0{,}84292$ minimal
$(f(x))_{MIN} = f(x_{MAX})$, falls f bei x fällt	$(f(x))_{MAX} = f(x_{MIN})$, falls f bei x fällt	$\cos 32{,}45° = 0{,}84386$ maximal
		somit nur sinnvoll $\cos 32{,}5° = 0{,}843$

Angewandte Mathematik: Näherungsformeln; Zinseszins, Lebensversicherung

9.2. Näherungsformeln

	Fehler < 0,1% für	Fehler < 1% für	Beispiele:
$(1+x)^2 \approx 1+2x$	$\|x\| \leq 0,03$	$\|x\| \leq 0,10$	$1,08^2 = 1,1664 \approx 1,16$
$(1+x)^3 \approx 1+3x$	$\|x\| \leq 0,01$	$\|x\| \leq 0,05$	$1,03^3 = 1,092727 \approx 1,09$
$\dfrac{1}{1+x} \approx 1-x$	$\|x\| \leq 0,03$	$\|x\| \leq 0,10$	$\dfrac{1}{1,04} = 0,9615\ldots \approx 0,96$
$\sqrt{1+x} \approx 1+\dfrac{x}{2}$	$-0,08 \leq x \leq +0,09$	$-0,24 \leq x \leq 0,32$	$\sqrt{1,25} = 1,1180\ldots \approx 1,125$
$\sqrt{\dfrac{1}{1+x}} \approx 1-\dfrac{x}{2}$	$-0,04 \leq x \leq 0,06$	$-0,15 \leq x \leq 0,17$	$\sqrt{\dfrac{1}{1,25}} = 0,8944\ldots \approx 0,875$
$e^x \approx 1+x$	$\|x\| \leq 0,045$	$-0,13 \leq x \leq 0,14$	$e^{-0,1} = 0,9048\ldots \approx 0,9$
$\ln(1+x) \approx x$	$\|x\| \leq 0,002$	$\|x\| \leq 0,02$	$\ln 1,03 = 0,02955\ldots \approx 0,03$
$\sin x \approx x$	$\|x\| \leq 0,07\ (4°)$	$\|x\| \leq 0,24\ (14°)$	$\sin 0,2 = 0,1987\ldots \approx 0,2$
$\cos x \approx 1-\dfrac{x^2}{2}$	$\|x\| \leq 0,38\ (22°)$	$\|x\| \leq 0,65\ (37°)$	$\cos 0,5 = 0,8775\ldots \approx 0,875$
$\tan x \approx x$	$\|x\| \leq 0,05\ (3°)$	$\|x\| \leq 0,18\ (10°)$	$\tan 0,1 = 0,1003\ldots \approx 0,1$

9.3. Zinseszins, Lebensversicherung

Zinseszins $\left[\text{Zinsen } z = \dfrac{kpn}{100}\right]$ Zinsfaktor $r = 1 + \dfrac{p}{100} = 1 + i$

Endwert k_n des Anfangskapitals k nach n Jahren: $k_n = k r^n$ Barwert von k_n ist $k = \dfrac{k_n}{r^n} = k_n v^n$

Nachschüssige Rente R: Endwert $\quad R_e = R \dfrac{r^n - 1}{r - 1} = R s_{\overline{n}|}$ Barwert $\quad R_b = \dfrac{R}{r^n} \dfrac{r^n - 1}{r - 1} = R a_{\overline{n}|}$

Vorschüssige Rente R: Endwert $\quad R'_e = R r \dfrac{r^n - 1}{r - 1} = R s'_{\overline{n}|}$ Barwert $\quad R'_b = \dfrac{R}{r^{n-1}} \dfrac{r^n - 1}{r - 1} = R a'_{\overline{n}|}$

Stetige Verzinsung: $\quad k_n = k\, e^{\frac{p}{100}n}$ $e = \lim\limits_{n \to \infty}\left(1+\dfrac{1}{n}\right)^n = 2,7183\ldots$

Lebensversicherung

Zinssatz: $i = \dfrac{p}{100}$ Aufzinsungsfaktor: $r = 1 + i$ Abzinsungsfaktor: $v = \dfrac{1}{1+i} = \dfrac{1}{r}$

$q_x = \dfrac{d_x}{l_x}$ = Wahrscheinlichkeit, daß ein x-jähriger im Alter x bis $x + 1$ verstirbt.

$D_x = l_x \cdot v^x$ = diskontierte Zahl der Lebenden des Alters x $N_x = D_{100} + D_{99} + \cdots + D_x$.

$C_x = d_x \cdot v^{x+1}$ = diskontierte Zahl der Toten des Alters x $M_x = C_{100} + C_{99} + \cdots + C_x$.

	Einmalprämie	Jahresprämie
Erlebensversicherung vom Betrage 1 (zahlbar nach n Jahren, falls der Versicherte dann lebt):	$E_{x,\overline{n}|} = \dfrac{D_{x+n}}{D_x}$	$P_{x,\overline{n}|} = \dfrac{D_{x+n}}{N_x - N_{x+n}}$
Einf. Todesfallversicherung vom Betrage 1 (zahlbar am Ende des Todesjahres des Versicherten):	$A_x = \dfrac{M_x}{D_x}$	$P_x = \dfrac{M_x}{N_x}$
Gem. Versicherung vom Betrage 1 (zahlbar beim Tode oder nach n Jahren):	$A_{x,\overline{n}|} = \dfrac{M_x - M_{x+n} + D_{x+n}}{D_x}$	$P_{x,\overline{n}|} = \dfrac{M_x - M_{x+n} + D_{x+n}}{N_x - N_{x+n}}$

Leibrente: (vorschüssig) $\quad a_x = \dfrac{N_x}{D_x}$ $a_{x_m} = \dfrac{N_{x+m}}{D_x}$ $a_{x,\overline{n}|} = \dfrac{N_x - N_{x+n}}{D_x}$

(lebenslänglich)   (m Jahre aufgeschoben)   (auf n Jahre beschränkt)

Angewandte Mathematik: Numerische Methoden

9.4. Numerische Methoden

Hornersches Schema

Der Wert einer Funktion $f(x) = a_n x^n + a_{n-1} x^{n-1} + a_{n-2} x^{n-2} + \cdots + a_1 x + a_0$ und ihrer Ableitungen soll für $x = \xi$ bestimmt werden. Die Koeffizienten werden nach fallenden Potenzen geordnet. Bei fehlenden Potenzen wird der Koeffizient 0 gesetzt. Die Durchrechnung geschieht nach folgendem Schema:

Gegeben: $f(x) = a_n x^n + a_{n-1} x^{n-1} + a_{n-2} x^{n-2} + \cdots + a_1 x + a_0$

Gesucht: Wert von $f(x), f'(x), f''(x), \ldots$ an der Stelle $x = \xi$

Beispiel: $f(x) = 2x^3 - 3x^2 - 5; \; \xi = 2,5$

x^n	x^{n-1}	x^{n-2}	...	x^2	x^1	x^0		x^3	x^2	x^1	x^0
a_n	a_{n-1}	a_{n-2}	...	a_2	a_1	a_0		$+2$	-3	0	-5
	$+\xi a'_n$	$+\xi a'_{n-1}$	...	$+\xi a'_3$	$+\xi a'_2$	$+\xi a'_1$			$+5$	$+5$	$+12,5$
a'_n	a'_{n-1}	a'_{n-2}	...	a'_2	a'_1	$\boxed{a'_0} = f(\xi)$		$+2$	$+2$	$+5$	$\boxed{7,5} = f(2,5)$
	$+\xi a''_n$	$+\xi a''_{n-1}$	...	$+\xi a''_3$	$+\xi a''_2$				$+5$	$+17,5$	
a''_n	a''_{n-1}	a''_{n-2}	...	a''_2	$\boxed{a''_1} = f'(\xi)$			$+2$	$+7$	$\boxed{22,5} = f'(2,5)$	
	$+\xi a'''_n$	$+\xi a'''_{n-1}$	...	$+\xi a'''_3$					$+5$		
a'''_n	a'''_{n-1}	a'''_{n-2}	...	$\boxed{a'''_2} = \frac{1}{2!} f''(\xi)$		usw.		$\boxed{12} = \frac{1}{2} f''(2,5)$			

wobei $a'_n = a_n$, $\;a'_{n-1} = a_{n-1} + \xi a'_n$, $\;a'_{n-2} = a_{n-2} + \xi a'_{n-1} \cdots a'_{n-\nu} = a_{n-\nu} + \xi a'_{n-\nu+1}$

und $a_\nu^{(\nu+1)} = \frac{1}{\nu!} f^{(\nu)}(\xi)$ ist $(\nu = 1, 2, 3, \ldots, n)$

Verfahren zur Bestimmung von Näherungslösungen von $y = f(x) = 0$

($x_1, x_2, x_3 \ldots$ seien Näherungen, X eine exakte Lösung)

Intervallhalbierung. Aus zwei bekannten Näherungen x_1 und x_1^* mit $f(x_1) \cdot f(x_1^*) < 0$ ($y_1 \cdot y_1^* < 0$) folgt für $n > 0$:

$$x_{n+1} = \frac{x_n + x_n^*}{2}$$

(Falls $f(x_{n+1}) = 0$, Ende des Verfahrens) Falls $y_{n+1} \cdot y_n < 0$, dann $x_n^* = x_{n-1}$, sonst $x_n^* = x_{n-1}^*$.

Fehlerabschätzung:

a priori: $\;|X - x_n| \leq 2^{1-n} \cdot |x_1 - x_1^*|$

a posteriori: $\;|X - x_n| \leq m^{-1} \cdot |f(x_n)|$, falls f stetig differenzierbar mit $|f'(x)| \geq m > 0$ für alle $x \in [x_1; x_1^*]$.

Beispiel: $f(x) = e^x - x - 2$; $x_1 = 1$, $x_1^* = 1,5$. Fehlergrenze sei 10^{-3}, also $|X - x_n| \leq 0,001$.
Mit der a-priori-Abschätzung erhalten wir: $2^{1-n} |x_1 - x_1^*| = 10^{-3}$, $(1-n) \cdot \log(2) + \log(0,5) = -3$,
$n = 10$.
Intervallfolge: $[1; 1,5]$ $[1; 1,25]$ $[1,125; 1,25], \ldots$
9. Intervall: $[1,14453125; 1,148375]$ liefert $x_{10} = 1,146484375$.
Zur a-posteriori-Abschätzung können wir $m = 1,7$ wählen, weil für alle $x \in [1; 1,5]$ gilt
$f'(x) = e^x - 1 \geq f'(1) = e - 1 > 1,7 > 0$. E ist also $|X - x_{10}| \leq 1,7^{-1} \cdot f(x_{10}) = 0,000625 : 1,7 = 0,00037$.
Für die wahre Lösung gilt somit $X \in [1,14612; 1,14648]$.

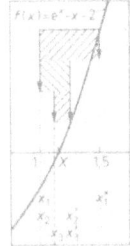

Regula falsi. Aus zwei bekannten Näherungen x_1 und x_2 folgt für $n > 1$:

$$x_{n+1} = x_{n-1} - \frac{x_n - x_{n-1}}{y_n - y_{n-1}} \cdot y_{n-1}$$

(Falls $y_{n+1} = y_n$, Abbruch des Verfahrens)

Falls f zweimal stetig differenzierbar mit $|f'(x)| \geq m > 0$ und $|f''(x)| < M$ ($M > 0$) für alle $x \in [x_1; x^2]$, dann
Fehlerabschätzung:

a priori: $\;|X - x_n| \leq 2m/M \cdot q^{FB(n)}$,
mit $FB(1) = 1$, $FB(2) = 2$, $FB(n+1) = FB(n) + FB(n-1)$,
wobei $M \cdot |X - x_1| \leq q \cdot 2m < 2m$ und $M \cdot |X - x_2| \leq q \cdot 2m < 2m$.

a posteriori: $\;|X - x_n| \leq m^{-1} \cdot |f(x_n)|$ oder $2m \cdot |X - x_n| \leq M \cdot |x_n - x_{n-1}| \cdot |X - x_{n-2}|$.

Angewandte Mathematik: Numerische Methoden

Beispiel: $f(x) = e^x - x - 2$; $x_1 = 1$, $x_2 = 1{,}5$. Fehlergrenze sei 10^{-3}, also $|X - x_n| \leq 0{,}001$.
Für die a-priori-Abschätzung erhalten wir: $m = 1{,}7$ (vgl. S. 81) und $M = 4{,}5$, weil für alle $x \in [1; 1{,}5]$ gilt $f''(x) = e^x \leq f'(1{,}5) < 4{,}5$.
Wir können nun $q = 0{,}67 < 1$ wählen, weil $(M/2m) |X - x_1| < (4{,}5/3{,}4) \cdot 0{,}5 < 0{,}67$. Wir bestimmen n aus $(3{,}4/4{,}5) \cdot 0{,}67^{FB(n)} = 10^{-3}$; $\log(0{,}756) + \log(0{,}67) \cdot FB(n) = -3$; $FB(n) = 16{,}55$.
Die 6. Fibonacci-Zahl $FB(6)$ ist 14, also muß mindestens die Näherung x_6 berechnet werden.
Näherungsfolge: 1, 1,5; 1,11149; 1,13825; 1,14640; 1,1461920 $= x_6$.
A-posteriori-Abschätzung mit $m = 1{,}7$: Es ist $|X - x_6| \leq 1{,}7^{-1} \cdot |f(x_6)| = 0{,}000002579 : 1{,}7 = 0{,}0000015$. Für die wahre Lösung gilt somit $X \in [1{,}1461905; 1{,}1461935]$.

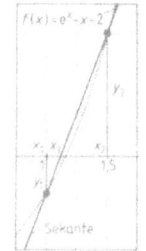

Newton-Verfahren. Aus einer bekannten Näherung x_1 folgt für $n > 0$:

$$x_{n+1} = x_n - \frac{f(x_n)}{f'(x_n)}$$

(Falls $f'(x_{n+1}) = 0$, Abbruch des Verfahrens)
(Falls $-y_{n+1}/y'_{n+1} = y_n/y'_n$, Oszillation)

Falls f zweimal stetig differenzierbar mit $|f'(x)| \geq m > 0$ und $|f''(x)| < M$ ($M > 0$) für alle x einer passenden Umgebung von X, dann **Fehlerabschätzung**:
a priori: $\quad |X - x_n| \leq 2m/M \cdot q^{2^n}$, wobei $M \cdot |X - x_1| = q \cdot 2m < 2m$.
a posteriori: $\quad |X - x_n| \leq m^{-1} \cdot |f(x_n)|$ oder $2m \cdot |X - x_n| \leq M \cdot |X_n - x_{n-1}|^2$.

Beispiel: $f(x) = e^x - x - 2$; $x_1 = 1$ (bzw. $x_1 = 1{,}5$). Fehlergrenze sei 10^{-3}, also $|X - x_n| \leq 0{,}001$.
Für die a-priori-Abschätzung erhalten wir: $m = 1{,}7$ und $M = 4{,}5$ (vgl. oben), wenn wir $[1; 1{,}5]$ als Intervall um X wählen. Wir können nun $q = 0{,}66 < 1$ wählen, weil $(M/2m) |X - x_1| = (4{,}5/3{,}4) \cdot 0{,}5 = 0{,}66$. Wir bestimmen n aus $(3{,}4/4{,}5) \cdot 0{,}66^{2^n} = 10^{-3}$; $\log(0{,}756) + \log(0{,}66) \cdot 2^n = -3$; $2^n = 15{,}95$; $n = 4$.
Näherungsfolge: 1, 1,16395; 1,14642; 1,146193295 $= x_4$.
A-posteriori-Abschätzung mit $m = 1{,}7$: Es ist $|X - x_4| \leq 1{,}7^{-1} \cdot |f(x_6)| = 0{,}000000082 : 1{,}7 = 0{,}000000048$. Für die wahre Lösung gilt somit $X \in [1{,}1461932; 1{,}1461933]$.
(Beim Start mit $x_1 = 1{,}5$ wird $x_4 = 1{,}14620$ mit $|X - x_4| < 0{,}0000118$.)

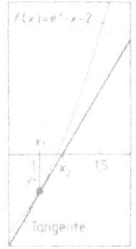

Allgemeines Iterationsverfahren. Vorbereitung: Die Gleichung $0 = f(x)$ wird äquivalent umgeformt zu $x = g(x)$ (z. B. mittels $g(x) = x + \mu f(x)$).
Aus einer bekannten Näherung x_1 folgt für $n > 0$:
$$x_{n+1} = g(x_n)$$
Falls g stetig differenzierbar mit $|g'(x)| \leq k < 1$ für alle x einer passenden Umgebung U von X und $g(U) \subseteq U$, dann **Fehlerabschätzung**:

a priori: $\quad |X - x_n| \leq \dfrac{k^n}{1-k} \cdot |x_2 - x_1|$

a posteriori: $\quad |X - x_n| \leq \dfrac{k}{1-k} \cdot |x_n - x_{n-1}|$

Beispiel: $f(x) = e^x - x - 2$; $x_1 = 1$; Fehlergrenze sei 10^{-3}, also $|X - x_n| \leq 0{,}001$.
Wir formen $e^x - x - 2 = 0$ um zu $x = e^x - 2$; also $g(x) = e^x - 2$ und wählen $[1; 1{,}5]$ als Intervall um X.
Die **Kontraktionsbedingungen** $g(U) \subseteq U$ und $|g'(x)| \leq k < 1$ sind verletzt! ($g([1; 1{,}5]) = [0{,}718; 2{,}482]$; $g'(1) = 2{,}72$; $g'(1{,}5) = 4{,}48$.
Unbrauchbare Folgen (x_n) sind: 1; 0,72; 0,05; $-0{,}95$; …; $-1{,}841405660$ bzw. 1,5; 2,48; 9,96; 21191,53; …; ∞. Daher andere Umformung: $e^x = x + 2$; $x = \ln(x + 2)$; also $g(x) = \ln(x + 2)$. Nun existiert $k = 0{,}34$ als brauchbare Kontraktionskonstante; $x_2 = 1{,}0986$.
Zur a-priori-Abschätzung bestimmen wir n aus: $(0{,}34^n/0{,}66) \cdot 0{,}0986 = 10^{-3}$; $\log(0{,}1494) + n \cdot \log(0{,}34) = -3$; $n = 5$.
Näherungsfolge: 1; 1,0986; 1,1309; 1,1413; 1,144648781 $= x_5$.
A-posteriori-Abschätzung: Es ist $|X - x_5| \leq (0{,}34/0{,}66) \cdot 0{,}0033 = 0{,}0017$. Für die wahre Lösung gilt somit $X \in [1{,}1429; 1{,}1463]$.

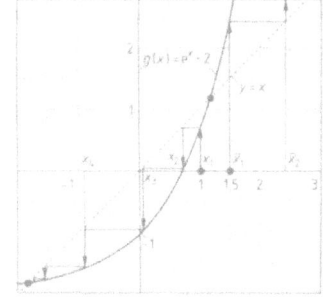

Numerische Integration

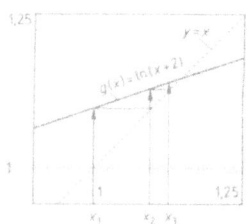

Äquidistante Ordinaten von $x = a$ bis $x = b$; $h := \dfrac{b-a}{n}$; $y_k := f(a + kh)$; ($k \in [0, 1, \ldots, n]$)

Trapezregel ($n \in \mathbb{N}$)
$$\int_a^b f(x)\,dx \approx T(h) = h\left(\frac{1}{2} y_0 + y_1 + y_2 + \cdots + y_{n-2} + y_{n-1} + \frac{1}{2} y_n\right)$$

Angewandte Mathematik: Numerische Methoden

Ist f zweimal differenzierbar und $M \geq |f''(x)|$ für $a < x < b$, so gilt die **Fehlerabschätzung**:

$$\left| \int_a^b f(x)\,dx - T(h) \right| \leq \frac{b-a}{12} \cdot h^2 \cdot M$$

Beispiel: $\ln 3 = \int_1^3 \frac{1}{x}\,dx$ mittels Einteilung in $n = 4$, Trapez der Breite $h = \frac{3-1}{4} = \frac{1}{2}$.

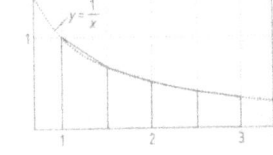

$y_0 = \frac{1}{1}$; $\frac{1}{2} y_0 = 0{,}5000$; $y_1 = \frac{1}{3/2} = 0{,}6667$; $y_2 = 0{,}5000$; $y_3 = 0{,}4000$; $\frac{1}{2} y_4 = 0{,}1667$

$T(\tfrac{1}{2}) = \frac{1}{2} \cdot 2{,}2334 = 1{,}1167$

Fehlerabschätzung: $f(x) = \frac{1}{x}$; $f''(x) = \frac{2}{x^3}$; $M = 2$, weil $|f''(x)| < 2$ für $1 < x < 3$.

$|\ln 3 - 1{,}1167| \leq \frac{3-1}{12} \cdot \left(\frac{1}{2}\right)^2 \cdot 2 = \frac{1}{12} = 0{,}0833$ (zum Vergleich: $\ln 3 = 1{,}09861$)

Simpsonsche Regel $\int_a^b f(x)\,dx \approx S(h) = \frac{h}{3}[(y_0 + y_{2m}) + 2(y_2 + y_4 + \cdots + y_{2m-2}) + 4(y_1 + y_3 + \cdots + y_{2m-1})]$
($n = 2m$, $m \in \mathbb{N}$)

Ist f viermal differenzierbar und $M \geq |f^{IV}(x)|$ für $a \leq x \leq b$, so gilt die **Fehlerabschätzung**:

$$\left| \int_a^b f(x)\,dx - S(h) \right| \leq \frac{b-a}{180} \cdot h^4 \cdot M$$

Beispiel: $\ln 3 = \int_1^3 x^{-1}\,dx$ mittels Einteilung in $m = 2$, Parabelstreifen. $h = \frac{3-1}{2 \cdot 2} = \frac{1}{2}$

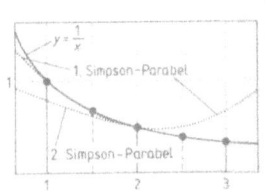

$y_0 = 1$; $y_1 = 0{,}6667$; $y_2 = 0{,}5000$; $y_3 = 0{,}4000$; $y_4 = 0{,}3333$;

$S(\tfrac{1}{2}) = \frac{1}{6}(1{,}3333 + 2 \cdot 0{,}5000 + 4 \cdot 1{,}0667) = 1{,}1000$

Fehlerabschätzung: $f(x) = \frac{1}{x}$; $f^{IV}(x) = \frac{24}{x^5}$; $M = 24$, weil $|f^{IV}(x)| \leq f^{IV}(1) = 24$ für $1 \leq x \leq 3$.

$|\ln 3 - 1{,}1000| \leq \frac{3-1}{180} \cdot \left(\frac{1}{2}\right)^4 \cdot 24 = 0{,}0167$ (zum Vergleich: $\ln 3 = 1{,}09861$)

Keplersche Faßregel (Spezialfall **Simpson** für $m = 1$)

$$\int_a^b f(x)\,dx \approx K = \frac{b-a}{6}\left(f(a) + 4 \cdot f\left(\frac{a+b}{2}\right) + f(b)\right)$$

Ist f viermal differenzierbar und $M \geq |f^{IV}(x)|$ für $a \leq b \leq x$, so gilt die **Fehlerabschätzung**:

$$\left| \int_a^b f(x)\,dx - K \right| \leq \frac{(b-a)^5}{2880} \cdot M$$

Beispiel: $\int_1^3 (2x^3 - 5x^2 + 8)\,dx$ mittels einer Kepler-Parabel

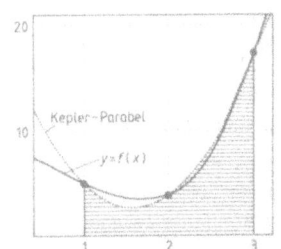

$K = \frac{3-1}{6}(5 + 4 \cdot 4 + 17) = \frac{38}{3}$

Fehlerabschätzung: $M = 0$, weil $f^{IV}(x) = 0$.
Bei kubischen Integralen kein Fehler.

Sachverzeichnis

Abbildung, affine 14
–, allgemeine 3
–, lineare 11
Abhängigkeit, lineare 9
Ableitung 20
absoluter Betrag 18
Abstand (Punkt –
  Gerade/Ebene) 13
Abstandsfunktion 18
Achsenaffinität 14
Achsenspiegelung 14
Additionstheorem 27
affine Geometrie 11
affiner Raum 11
Ähnlichkeitsabbildung 14
Allquantor 1
Anordnung 18
Äquivalenzrelation 3
archimedische Anordnung 18
Argumentbereich 3
arithmetisches Mittel 28f.
Assoziativität 4f.
–, gemischte 9f.
Aussageverknüpfungen 1

Basis 9f.
bedingte Wahrscheinlichkeit 33
Bernoulli-Verteilung 35
Betrag eines Vektors 10
bijektiv 3
Bild einer linearen Abbildung 11
Bildmenge 3
Binomialverteilung 35
binomische Reihe 24
binomischer Satz 6
Bogenlänge 23
Bogenmaß 25

Chi-Quadrat-Test 37
Cosinus 20, 22, 24, 27f.

Definitionsbereich 3
Determinanten 8
Diagonalmatrix 7
Differentialgleichungen 23
Differentialrechnung 20f.
differenzierbar 20
Dimension 9
Dimensionssatz 11
Distributivität 2, 4f.
Drehkörper 23, 26
Drehparaboloid 26
Drehstreckung 14
Drehung 14
Dreieck 12f., 25, 27
Dreiecksungleichung 18

Ebene 12
Einheitsvektor 10
Elektronischer Taschenrechner 39
Ellipse 15, 25

Ellipsoid 26
Entfernung zweier Punkte 13
Ereignisalgebra 32
Ereignisraum 32
Erwartungswert 34
euklidische Geometrie 13
euklidischer Raum 13
– Vektorraum 9
Euler-Affinität 14
Euler-Formel 17
Existenzquantor 1

Fakultät 6
Fehlerfortpflanzung 38f.
Fläche eines Dreiecks 13, 25, 27
Flächeninhalt ebener Figuren 25
Funktion 3
Funktionsverkettung 4

Gauß-Verteilung 36
geometrische Reihe, endliche 7
– –, unendliche 24
Gerade 12f.
Gleichung, quadratische 6
Gleichungssysteme, lineare 8f.
Grenze 18
Grenzwert 19
Gruppe 4
Guldinsche Regeln 26

Halbwinkelsatz 27f.
harmonische Teilung 25
harmonisches Mittel 28f.
Häufigkeit, relative 32
Hesse-Normalform 13
Höhensatz 25
Horner-Schema 41
Hospital-Regel 21
Hyperbel 15
hypergeometrische Verteilung 35

imaginäre Einheit 17
injektiv 3
Integralrechnung 21f.
Intervalle 3
Intervallhalbierung 41
inverse Matrix 7
Isomorphismus 5f.
Iterationsverfahren, allgemeines 42

Kathetensatz 25
Kegel 26
Kegelschnitte 15f.
Kegelstumpf 26
Keplersche Faßregel 43
Kern einer linearen Abbildung 11
Kettenregel 20
Kombinationen 31
Kombinatorik 31
Kommutativität 1ff., 10

komplexe Zahlen 17
Kongruenzabbildung 14
Koordinatendarstellung 10f.
Koordinatensystem, affines 11
–, kartesisches 13
Koordinatenvektor 9
Körper 4
– der reellen Zahlen 6
Korrelationen 30
Kosinus eines Vektorpaares 10
Kosinussatz 27
Kreis 13, 15, 25
–, Krümmungs- 21
Kugel 13, 26
Kugeldreieck 28
Kugelteile 26
Kugelzweieck 28
Kurvendiskussion 21

Lebensversicherung 40
Limes 19
linear unabhängig 9
lineare Algebra 7
– Gleichungssysteme 8f.
Linearkombination 9
Logarithmen 5f.

Mantelfläche von Rotationskörpern 26
Maßkorrelation 30
Matrizen 7
Mengen 1f.
Mengenlehre 1
Metrik 18
Mittelwerte 28f.
Moivre, Satz von 17

Nachbereich 3
Näherungsformeln 39
Näherungslösungen 41f.
Nepersche Regel 28
Newton-Verfahren 42
Norm eines Vektors 10
Normale bei Kegelschnitten 15
– einer Geraden/Ebene 13
Normalform, Gleichung einer Geraden/Ebene 13
Normalverteilung 36
numerische Integration 42
– Methoden 41ff.

obere Grenze 18
– Schranke 18
Operatorenbereich 4
Ordnungsrelation 2
Ordnungsstrukturen 17
orthogonale Geraden 13
Orthonormalbasis 10
Ortsvektor 11

Sachverzeichnis

Parabel 15
parallele Geraden 12
Parallelogramm 25
Parallelverschiebung 14
Parameter eines Kegelschnitts 15
Parameterform der Funktion
  (Ableitung) 20
– – Gleichung einer Geraden/
  Ebene 12
Permutation 31
Poisson-Verteilung 35 f.
Pol 15
Polare 15 f.
Polargleichungen 15
Polarkoordinaten 15
Potenzen 6
Potenzreihen 24
Potenzsummen 7
Prisma 26
Punkt – Richtung – Form der Gleichung einer Geraden/Ebene 12
Pyramide 26

Quadrat 25
quadratische Gleichung 6
quadratisches Mittel 28 f.
Quantoren 1

Radiant 25
Rangkorrelation 30
Raumdiagonale 26
Rauminhalt 26
rechtwinkliges Dreieck 25
Regression 30
Regula falsi 41
Reihen 7, 24
Ring 4
Rotationskörper 23, 26

Sarrus, Regel von 8
Scherung 14
Schnittwinkel von Geraden/Ebenen
  13
Schwerpunkt eines Dreiecks 12
Schwingung 23
Seitenkosinussatz 28
Signifikanztest 37
Simpsonsche Regel 43
Sinussatz 27 f.
Skalarprodukt 10
Spiegelung 14
Standardabweichung 28 f., 34
Standardbasis 10
Statistik 28 ff.
stetige Teilung 25
– Verzinsung 40
Stetigkeit 19
Stichprobe 28 f.
Stirlingsche Formel 31
surjektiv 3

Tangenssatz 27
Tangente 13, 15
Tangentialebene 13
Taschenrechner 39
Taylorsche Formel 24
Teilpunkt 12, 25
Teilverhältnis 12, 25
Translation 14
Trapez 25
Trapezregel 42
Trigonometrie 27 f.

unendliche Reihen 24
Ungleichungen 18

Varianz 34
–, empirische 28
Variationen 31
Vektoren 9 ff.
Vektorräume 9 ff.
Venn-Diagramm 2
Verbände 5
Verknüpfungen, allgemeine 4
– von Aussagen 1
– – Mengen 2
Verteilungen 28 f., 33, 35 ff.
vollständige Ordnung 17
Volumen 26
– von Rotationskörpern 23, 26
Vorbereich 3

Wachstum 23
Wahrheitstafel 1
Wahrscheinlichkeit 31 ff.
Wertevorrat 3
Winkel zwischen zwei Ebenen 13
– – – Geraden 13
– – – Vektoren 10
Winkelfunktionen 27 f.
Winkelkosinussatz 28
Wohlordnung 17
Würfel 26
Wurzeln 6

Zahlenmengen 2
zentrische Streckung 14
Ziffernzählregeln 38 f.
Zinseszins 40
Zufallsvariable 33 f.
Zufallsexperiment 31
Zylinder 26

Logik
Mengenlehre
Relationen, Funktionen, Verknüpfungen
Algebraische Strukturen
Ordnungsstrukturen
Topologische Strukturen
Geometrie
Statistik, Kombinatorik, Stochastik
Angewandte Mathematik

 B.G. Teubner Stuttgart

MIX
Papier aus verantwortungsvollen Quellen
Paper from responsible sources
FSC® C105338

If you have any concerns about our products,
you can contact us on
ProductSafety@springernature.com

In case Publisher is established outside the EU,
the EU authorized representative is:
Springer Nature Customer Service Center GmbH
Europaplatz 3, 69115 Heidelberg, Germany

Printed by Libri Plureos GmbH
in Hamburg, Germany